LE BOE

Traduzione dal francese di Stefano Travagli
Titolo originale *La mer expliquée à nos petits-enfants*

ISBN 978-88-6852-933-8

www.baldinicastoldi.it
info@baldinicastoldi.it
Illustrazione di Olivier Balez

BaldiniCastoldi
BaldiniCastoldi
baldinicastoldi
baldinicastoldi

Hubert Reeves
Yves Lancelot

Il mare spiegato ai miei nipoti

TRADUZIONE DI
Stefano Travagli

BALDINI&CASTOLDI

INDICE

PROLOGO
Tutta la grandezza del mare

Bisognava davvero essere in due per raccontare il mare! Anche i nostri nipoti, mentre lo osservavano insieme a noi, non immaginavano che le loro domande ci avrebbero condotto così lontano nel tempo e nello spazio. Come (quasi) tutti amano il mare per i piaceri che offre ai sensi, ai sentimenti e all'immaginazione. Il potere del sogno non è da sottovalutare, ma questa nostra attrazione è rivolta a una porzione di mondo che resta fondamentalmente estranea alla vita dell'uomo. È bello pensare che il mare esista, ma in fin dei conti potremmo anche ignorarlo…

In seguito alle straordinarie scoperte scientifiche degli ultimi cinquant'anni, il mare è diventato un soggetto centrale per il futuro della Terra.

Ciò che sappiamo oggi delle sue origini, della sua formazione, della sua natura fisica, dei suoi movimenti, del suo ruolo nei cambiamenti climatici, ci costringe a guardarlo diversamente: non più come uno dei tanti elementi presenti sulla superficie, ma come il cuore di un sistema globale da cui dipende l'equilibrio dell'intero pianeta.

Il mare è indispensabile per tutti noi!

E così, abbiamo unito i nostri sguardi e le nostre conoscenze per dargli tutta l'importanza che merita: serviva un astrofisico (Hubert Reeves) per raccontare il posto che occupa nell'Universo e spiegare ciò che ci insegna sul Sistema solare; e serviva un oceanografo (Yves Lancelot) per osservarlo dalla Terra e tuffarsi nelle sue profondità estreme. Quindi, con una sola voce, abbiamo risposto alle domande dei nostri nipoti.

Come tutti i giovani della loro generazione, erediteranno il pianeta nella condizione precaria in cui lo abbiamo lasciato loro. Sono sensibili di fronte alla sua fragilità e sanno che dovranno prendersene cura; sono più consapevoli di quanto lo fossimo noi alla stessa età. Per questo abbiamo deciso di aiutarli a comprendere i misteri della vita, di suscitare in loro la curiosità di conoscere, cercare e scoprire, con l'obiettivo di preservare tutta la loro capacità di meravigliarsi. Noi, nonni saggi, l'abbiamo conservata intatta e non c'è cosa più bella che vederla brillare nei loro occhi...

Hubert Reeves, Yves Lancelot

Visto che siamo qui per parlare del mare, andiamo a vederlo. Seguitemi! Adoro sedermi sugli scogli e guardare l'orizzonte senza pensare a niente…

Hai ragione: se si vuole raccontare il mare, per prima cosa bisogna contemplarlo! Ma, se ti conosco bene, non credo che te ne starai a lungo «senza pensare a niente» come dici.

Te l'assicuro. Il mare mi svuota la mente. È immenso e bello. Mi piace la luce del sole che cambia in continuazione, lo scintillio della sabbia bagnata nei momenti di bassa marea, il rumore delle onde e il verso dei gabbiani. E a te cosa fa venire in mente?

La libertà, il cielo, le stelle, la voglia di partire.

«*Homme libre, toujours tu chériras la mer*»*. Ho sempre amato molto questo verso di Baudelaire.

È vero, anch'io mi sento più libera, dimentico le cose che mi danno fastidio, respiro, evado da me stessa…

Ma evadere definitivamente è impossibile!

Sì che è possibile: basta imbarcarsi su una nave. Tu l'hai fatto centinaia di volte.

Ma anche se si va lontano, e si sta via a lungo, prima o poi si è costretti a tornare, perché il mare non è fatto per l'uomo. D'altra parte, forse è proprio questo che ci affascina. Certo, per qualche mese potremmo vivere abbastanza bene su una nave, ma non potremmo «trasferirci» sul mare, perché non è il nostro luogo naturale. Siamo seduti su questi scogli, la vedi tutta quest'acqua davanti a noi? «Immensa», come l'hai definita? Lo

---

* «Il mare, se sei libero, ti sarà sempre caro!» da *I fiori del male* (XIV, «L'uomo e il mare») trad. di Giovanni Raboni, Mondadori, Milano 1996. [N.d.T.]

sai che occupa i tre quarti del nostro pianeta? E nonostante questo, per noi terrestri non c'è posto! Te ne rendi conto?

Non ci avevo mai pensato! Quindi, è come un altro mondo...

Sì, il mare è altro da noi. Ed è più forte di noi. Fa parte del nostro mondo, ma allo stesso tempo ci sfugge. Si ha la stessa sensazione osservando il cielo stellato e riflettendo sull'immensità dell'Universo, all'interno del quale il nostro spazio vitale non rappresenta quasi nulla. Solo che il mare è più vicino: è lì, fa parte della storia della Terra, puoi toccarlo, puoi farci il bagno...

E soprattutto, fa sognare. Per esempio, quando ero piccola, mi chiedevo dove finisse. Guardo l'orizzonte, lontanissimo, ma sento che il limite non è quello. L'orizzonte non è il bordo di un'immensa piscina, dev'esserci per forza qualcosa al di là; e quando vedo le navi sparire piano piano, anche se so che non sono affondate e nemmeno che sono ca-

dute dall'altra parte, so anche che sono lontane, così lontane che se mi mettessi per mare non riuscirei a raggiungerle. Ho l'impressione che non smetterò mai di chiedermelo: dove finisce il mare? È una domanda un po' stupida, vero?

Assolutamente no. Anzi, è una bellissima domanda. Anch'io, da piccolo, me la facevo spesso. E anche se ho studiato gli oceani per tutta la vita, è una domanda che non smette di affascinarmi: cosa c'è oltre l'orizzonte? Basta osservare un mappamondo per avere immediatamente la risposta, ma questo non cancella il mistero. In cosmologia, il cosiddetto «orizzonte» non è la linea che vedi laggiù, dove il mare e il cielo si confondono. Ma l'interrogativo resta lo stesso. Anche la nostra osservazione delle galassie a un certo punto si interrompe, e gli scienziati si chiedono: che cosa c'è al di là di ciò che vediamo? Esistono altri universi? L'immensità ci fa riflettere, mette in moto migliaia di pensieri, ci costringe a pensare alle cose essenziali. Di fronte al mare non ci viene in mente soltanto una domanda, ma almeno dieci. Prova!

Da dove viene tutta quest'acqua? È la stessa che c'era all'inizio? Era sul pianeta prima dei continenti o li ha ricoperti in seguito? Il mare è uno solo o ce ne sono tanti?

Brava! Hai visto che hai capito subito i fondamentali?

Il mare viene dallo spazio

Grazie dei complimenti, ma adesso devi rispondere alle domande!

Cominciamo dalla più semplice: sì, il mare è uno solo. Nel senso in cui tutta questa distesa di acqua salata è «il mare». D'altra parte, non è sbagliato dire che si è «in riva al mare» sia che ci si trovi in Bretagna di fronte all'oceano Atlantico –

come noi in questo momento – davanti alla Manica oppure sul Mediterraneo. In geografia, questo mare mondiale si chiama «oceano» ed è stato suddiviso in tre grandi insiemi (Pacifico, Atlantico e Indiano), ai quali bisogna aggiungere l'Artico e l'Antartico ai poli. Si riserva la parola «mare» a certe piccole porzioni degli oceani, di solito in prossimità delle coste, a cui nel corso del tempo gli abitanti delle rive hanno dato un nome: si parla dunque di Mare del Nord, di Mare di Norvegia, di mare Mediterraneo, di Mar Giallo, di Mar Rosso, di mar Caspio, di Mar Morto…

Ti rifaccio la domanda: com'è arrivato il mare sulla Terra?

Ci sono diverse spiegazioni possibili. Innanzitutto, bisogna dire che l'acqua era presente nell'Universo molto prima della formazione della Terra; ancora oggi si osservano enormi quantità di vapore acqueo nelle nebulose disseminate lungo la Via Lattea, così come nei pressi delle stelle in formazione. Una quantità milioni di volte superiore a quella contenuta in tutti i mari del nostro pianeta!

Allora il mare viene dalle stelle?

Viene dallo spazio. L'ipotesi classica, oggi però probabilmente sorpassata, è che l'acqua del mare provenga dal degassaggio di una parte dei materiali in fusione all'interno della Terra, avvenuto a uno stadio molto primitivo nella storia del pianeta. Da questo magma si sarebbero liberati dei gas molto caldi che, una volta raffreddati, si sono condensati, provocando una specie di diluvio nel corso del quale l'acqua si sarebbe accumulata negli interstizi della superficie terrestre. Secondo un'altra teoria, più recente, l'acqua proverrebbe da collisioni con le comete.

Comete piene d'acqua? Come l'esplosione di enormi gavettoni?

Sì, più o meno. Quando nascono la Terra e il Sole, quattro miliardi e cinquecentosettanta milioni di anni fa, la nostra galassia esisteva già da una decina di miliardi di anni e la materia galattica era abbondantemente ricca di acqua. Il Sole era circondato da un corteo di pianeti di cui faceva parte anche la Terra. Più lontano, si trovava una gigantesca nube di comete costituite principalmente di ghiaccio. Nel corso dei primi milioni di anni successivi alla sua formazione, la Terra è entrata in collisione moltissime volte con tutti questi corpi celesti che giravano intorno al Sole. Le comete avrebbero liberato delle enormi quantità di acqua che sarebbero ricadute sulla superficie terrestre.

In passato, quando comparivano nei nostri cieli, le comete venivano considerate presagi negativi che annunciavano cataclismi. Ora, invece, sappiamo che ci hanno consegnato un regalo sublime: l'acqua, l'elemento fondamentale per la comparsa della vita, e dunque per la nostra esistenza. Dobbiamo loro tutto!

Quando nuoto nell'oceano, mi bagno ancora nell'acqua venuta da queste comete?

Sì, l'acqua è la stessa sin dall'inizio, sono i bacini a essere diversi. Gli oceani così come li conosciamo sono molto più giovani della Terra, poiché si sono formati soltanto duecento milioni di anni fa, mentre l'acqua che contengono è molto più vecchia di loro. Una cosa straordinaria è che il loro volume totale è costante, a prescindere dalla forma del bacino, e in tutti questi milioni di anni è rimasto invariato. L'acqua evapora per effetto del calore del Sole, quindi ricade sulla Terra sotto forma di pioggia (cosa che peraltro ci permette di avere l'acqua dolce e potabile), ma questo ciclo riguarda soltanto un'infima parte della massa d'acqua complessiva.

L'acqua è la vita?

Dicevi che l'acqua è la sorgente della vita. Significa che solo sulla Terra può esserci la vita… A meno che non ci sia acqua anche su altri pianeti…

Esatto! È possibile che vi sia acqua su altri pianeti del Sistema solare, o che vi sia stata in passato, anche se in minime quantità. Su Marte, per esempio, sono state osservate tracce di corsi d'acqua simili ai fiumi che abbiamo sulla Terra. Titano, satellite di Saturno, Europa e Ganimede, satelliti di Giove, presentano delle superfici ghiacciate che ricoprono distese d'acqua molto probabilmente salata, ma per il momento non è stata ritrovata alcuna molecola organica. Se ciò accadesse, saremmo costretti ad ampliare il nostro concetto di vita. Nella domanda «L'acqua è la vita?» il termine più complicato da definire non è tanto «acqua» (di cui conosciamo bene la composizione fisica: H_2O, ovvero due atomi di idrogeno e un atomo di ossigeno), ma «vita». Che l'acqua sia stata un elemento essenziale per la comparsa della vita sulla Terra è un'ipotesi estremamente probabile, ma dal punto di vista scientifico non possiamo dire che si tratti di una certezza assoluta. Quale sia l'origine della vita continua a essere la domanda più grande e più profonda della scienza. Per esempio, sono stati studiati degli organismi, chiamati «estremofili», che sono in grado di svilupparsi in ambienti estremi (come indica il loro nome!), in assenza di acqua, luce e persino di ossigeno. Conosciamo dei batteri che sono sopravvissuti sul fondo degli oceani sotto strati di sedimenti spessi anche un chilometro e a temperature elevatissime (circa 350 °C) o, ancora, esiste il virus del mosaico del tabacco, che è attivo in soluzione ma diventa inerte quando lo si cristallizza. Dov'è allora il confine tra la vita e la morte? Siamo noi a stabilirlo, ma forse in natura la vita è un processo continuo che attraversa diversi stati di cui noi non abbiamo idea e sul quale resta ancora molto da scoprire.

Ma almeno sappiamo che l'acqua era sulla Terra prima della comparsa della vita. Se ho capito bene, possiamo dedurne che un motivo c'è.

Il problema è che i primi organismi che hanno

vissuto sulla Terra non hanno lasciato traccia di sé. Le tracce più antiche di vita sono alcuni fossili, che poi hanno formato delle rocce, risalenti a tre miliardi e mezzo di anni fa (dunque circa un miliardo di anni dopo la comparsa dell'acqua). È difficile credere che questi organismi formati da colonie di batteri siano comparsi da un momento all'altro senza che prima fossero esistiti altri organismi viventi. O forse ci sono tracce che noi, con i nostri criteri di indagine attuali, non sappiamo qualificare come «viventi» e quindi non sappiamo identificare. Come vedi, resta ancora tantissimo da scoprire sul mistero della vita!

La cosa più affascinante è l'incredibile diversità degli organismi viventi. Come ci si è arrivati?

Come avrai già capito, se l'acqua è all'origine della vita, è naturale che il mare sia un serbatoio privilegiato di organismi viventi. Ancora oggi vi si trovano animali e vegetali di ogni tipo, dai più semplici ai più complessi: dai batteri, esseri molto primitivi, unicellulari e privi di nucleo, fino a mammiferi molto evoluti come i cetacei. Se tutto è cominciato nel mare, gli organismi vegetali sono migrati molto presto – più di cinquecento milioni di anni fa – verso le terre emerse. Gli animali li hanno seguiti circa trecentosessanta milioni di anni fa. Si sono adattati, e questo ha permesso uno straordinario sviluppo delle specie. Ma tutti gli organismi terrestri sono rimasti dipendenti dall'acqua: si può dire che, conquistando la terraferma, «se la sono portata dietro». Il nostro corpo, ad esempio, è composto per circa il 65% di acqua. Le piante terrestri ne contengono tra il 75% e il 95%. In noi sono rimaste diverse tracce della nostra origine marina, come il fatto che trascorriamo ben nove mesi immersi in un liquido prima di vedere la luce e cominciare a respirare. Praticamente siamo delle appendici del mare!

Vuoi dire che siamo ancora legati agli organismi che popolano il mare?

Sì, e ne siamo anche dipendenti. Non solo perché ci offrono delle importanti risorse, ma soprattutto perché partecipano direttamente al funzionamento del nostro ambiente. Penso principalmente agli organismi che costituiscono il plancton, che regolano il clima mantenendo l'equilibrio tra anidride carbonica e ossigeno nell'atmosfera rendendo così abitabile il nostro pianeta. Dai batteri ai pesci, fino alle balene, passando per tutta una serie di organismi e di ecosistemi complessi, nel mare è presente un insieme di forme di vita che ci protegge e che noi dobbiamo proteggere. Ma di questo riparleremo senz'altro più tardi.

Ci conto! Adesso però vorrei tornare a parlare degli altri pianeti: si può trovare l'acqua al di fuori del Sistema solare? E la vita?

Non è impossibile. Forse un giorno la scopriremo sugli esopianeti. Ne sono già stati identificati quasi un migliaio, gravitanti intorno a stelle diverse dal Sole, ed è possibile che su alcuni di essi si trovi acqua allo stato liquido. Immagina che nella loro atmosfera si riscontri la presenza di ossigeno gassoso: sarebbe un ottimo motivo per pensare che possa esserci anche la vita, poiché l'ossigeno molecolare al momento si trova soltanto sulla Terra e sappiamo che è la vita a produrlo. Trovare ossigeno su un altro pianeta rivoluzionerebbe la biologia!

Sarebbe bellissimo esplorare gli esopianeti! Ma nel frattempo siamo d'accordo nel dire che la Terra è l'unico pianeta del Sistema solare a contenere un'enorme quantità d'acqua?

Sì, siamo d'accordo. E ora ti spiegherò perché il nostro pianeta è il luogo ideale per ospitare la nostra brava H_2O! La Terra si trova a una distanza dal Sole tale che la temperatura sulla sua superficie riesce a mantenersi a dei valori compatibili con la presenza di acqua liquida. Un'altra caratteristica è che alcuni gas presenti nella nostra atmosfera assicurano un «effetto serra» che regola la temperatura media. Senza l'«effetto serra» la temperatura media sarebbe di -18 °C, invece di 15 °C, e l'acqua si troverebbe solo sotto forma di ghiaccio.

Ma bisogna anche relativizzare la quantità d'acqua sulla Terra: gli oceani coprono il 71% della sua superficie e sono profondi in media tra i 3,5 e i 3,8 chilometri, con alcune fosse che raggiungono la profondità estrema di undici chilometri; nulla in rapporto al raggio terrestre, che è pari a circa 6370 chilometri. Se dunque osservi la Terra nel suo complesso, come una palla compatta di materia e non come la superficie di una sfera, la massa d'acqua rappresenta meno di un millesimo della sua massa totale... Quindi questa immensità blu, così necessaria per noi, non è infinita e resta fragile.

Blu e salato

Hai parlato di immensità blu. Hai ragione: anch'io quando penso al mare, lo vedo blu. E come tutti i bambini, se lo disegnassi, lo colorerei di blu. Oggi è una bella giornata e il mare è blu come il cielo; anche se in Bretagna, dove spesso il cielo è coperto di nuvoloni grigi, il mare a volte è marrone scuro. Il mare è blu perché anche il cielo è blu?

No, il cielo non c'entra. Se riempissi un bicchiere di acqua di mare, che tu la prenda nel Pacifico sotto un sole cocente o nella Manica in un giorno di pioggia, l'acqua sarà sempre trasparente come il bicchiere. Anche se la mettessi contro il cielo blu resterebbe incolore. Se invece con la stessa acqua riempissi la mia piscina, che ha il fondo e i bordi di piastrelle bianche, vedresti l'acqua diventare blu. La stessa cosa accadrebbe in un lago all'interno di una grotta, dove il cielo non si vede. Il fiume San Lorenzo, in Québec, è molto ampio ed è blu come il mare. Perché? Tutto dipende dall'interazione tra luce e acqua. Come saprai, la luce del Sole contiene tutti i colori dell'arcobaleno: rosso, giallo e blu. Le molecole d'acqua assorbono i raggi rossi e gialli e riflettono quelli blu. Se però il cielo è grigio e la luce del sole meno vivida, il mare diventa scuro, grigio o marrone. E se trasporta determinate alghe che contengono molta clorofilla, che assorbe di più la componente blu dei raggi solari, può assumere tutte le sfumature del verde, fino al turchese delle lagune del Pacifico o delle Bahamas. Al contrario, se il plancton è assente, come in alcuni «deserti marini» in mezzo al Pacifico, il mare è di un blu assoluto, profondo, che non vedrai mai nemmeno nel Mediterraneo.

E perché il mare è salato? Dipende sempre dalle comete?

Assolutamente no. Le stelle, le comete e la Luna stavolta non c'entrano nulla! Il sale viene dai continenti, trasportato dai fiumi che sfregando sugli affioramenti rocciosi strappano a poco a poco delle molecole, in particolare di cloruro di sodio (il sale) o di potassio, che portano fino alla foce e al mare, dove il sale si concentra.

Ma non c'è un riciclo...

Sì, ma la parte che si ricicla è molto scarsa in rapporto alla massa d'acqua salata già presente. Dunque la salinità del mare resta pressoché costante. Sono convinto che un miliardo di anni fa, a livello globale, nel mare c'era più o meno la stessa percentuale di sale di oggi.

Non capisco: allora com'è possibile che il Mediterraneo sia molto più salato dell'Atlantico?

Sto parlando di salinità complessiva, a livello del mare «mondiale». Ma hai ragione anche tu: si osservano grandi variazioni di salinità sulla superficie del globo. La differenza dipende dall'evaporazione, dunque dall'intensità dei raggi solari. Il Mar Morto, che è un mare chiuso, di dimensioni ridotte e situato in un ambiente molto caldo, rappresenta un caso estremo, poiché la sua salinità è talmente elevata che si galleggia meglio che nel Mediterraneo. Nelle paludi salate (la Camargue, Guérande...) si riscontra la salinità più alta. L'uomo sfrutta il sale da moltissimo tempo: tra gli Egizi, e anche presso i Romani, aveva un enorme valore, in particolare perché era usato per la conservazione degli alimenti. Era un prodotto di lusso, e il suo commercio particolarmente lucrativo... anche se non tanto quanto lo è diventato, molto più tardi, quello del petrolio; a sua volta salato, poiché spesso si forma in ambiente marino. Ma continuiamo a osservare il mare: che cosa vedi ancora?

Le maree, la Luna e il Sole

Vedo dell'acqua che si muove, molto più di quella dei fiumi... Mi lascio cullare dal suo movimento bizzarro, allo stesso tempo regolare, come quello delle onde e delle maree, e irregolare: il mare cambia da un giorno all'altro, a volte da un'ora all'altra; prima era calmo, poi il moto ondoso aumenta, poi sembra che si scateni. È imprevedibile…

Hai toccato un elemento essenziale: il mare è un ambiente instabile, a un livello che ancora non puoi immaginare (ma non anticipiamo nulla!). Anche i fiumi si muovono, ma si capisce immediatamente come e perché: spesso nascono da una sorgente che zampilla dalla terra, in più ricevono l'acqua proveniente dallo scioglimento dei ghiacciai in alta quota e dalle precipitazioni, scorrono nel loro letto e lo scavano nel senso della pendenza che li conduce verso il mare. La corrente complessiva di un fiume, anche se alcuni sono soggetti a certe irregolarità, scorre sempre nello stesso senso, da monte a valle. Il mare, invece, si muove in seguito a molteplici fattori, sebbene in se stesso sia inerte. Te ne sarai senz'altro accorta andando in nave che a volte il mare è una distesa liscia come l'olio, piatta, senza onde né correnti… tuttavia, anche in questo caso, presenta alcune ondine minuscole, o un moto ondoso proveniente dal largo. Il mare è un ambiente liquido reattivo, non è lui a produrre i suoi movimenti. E la causa di questi movimenti può essere situata molto lontano dal nostro punto di osservazione: per esempio, il moto ondoso che ho appena evocato può essere provocato da raffiche di vento che soffiano centinaia di chilometri oltre l'orizzonte. Comunque hai ragione, alcuni movimenti del mare sono molto prevedibili, o perlomeno regolari: le maree, le correnti, le onde, che sono fenomeni generali, ciclici e ritmici; altri, invece, sono accidentali…

Comincia allora a spiegarmi le maree. Il loro mi sembra il movimento più regolare. A casa abbiamo il calendario con gli orari e l'ampiezza delle maree: è preciso come l'orario dei treni! Ho anche sentito dire che sono provocate dalla Luna. Puoi dirmi di più?

Hai sentito bene, ma manca qualcosa. Le maree sono la testimonianza di un fenomeno più ampio: la gravitazione dei pianeti. È vero, sulla Terra scaturiscono dalla forza di attrazione della Luna; ma anche da quella del Sole, come vedrai! Cominciamo dalla Luna. Come sai, è un satellite della Terra e impiega ventisette giorni a compiere un giro completo del nostro pianeta; mentre la Terra gira su se stessa in ventiquattro ore. Un'altra cosa che saprai senz'altro è che la forza di gravità agisce su qualsiasi cosa: parliamo di «attrazione universale». Dunque, tramite questa forza di attrazione, la Luna solleva le porzioni di crosta terrestre che si trovano sotto di lei al suo passaggio: il fenomeno si può osservare in modo molto chiaro sull'oceano, con sollevamenti anche di diversi metri, ma con degli strumenti ultrasensibili si possono registrare anche le deformazioni impercettibili della crosta terrestre. Questo movimento è definito «marea».

Allora perché ci sono due maree al giorno se la Luna passa soltanto una volta al giorno su un punto preciso, come ad esempio qui sulla costa bretone?

Ottima domanda. È servito molto tempo per trovare la risposta. E ancora una volta a darcela è stato Newton, che non soltanto ha riscontrato l'esistenza della gravità, ma ha anche formulato le leggi del suo funzionamento. Tu sai che la forza di gravità diminuisce mano a mano che le masse che si attraggono si allontanano l'una dall'altra. La Luna attrae con più forza la porzione di superficie terrestre più vicina a lei: e così abbiamo spiegato perché c'è una marea al giorno. Ma perché due? L'attrazione lunare si esercita principalmente sulla faccia della Terra rivolta verso la Luna, ma anche, in misura minore, sull'altra faccia, e questo provoca un sollevamento su entrambi i lati del nostro pianeta. La Terra dunque è leggermente deformata, e presenta sulla sua superficie due leggeri rigonfiamenti simmetrici, un po' come un pallone da rugby. Così, durante la rotazione diurna, in ogni punto della superficie terrestre il mare si solleva due volte. Ecco spiegato perché abbiamo due maree al giorno di ampiezza comparabile.

La forza di gravità dovrebbe esercitarsi nei due sensi: l'attrazione terrestre provoca delle maree sulla Luna?

Ben detto! Succede questo: la superficie lunare si solleva per l'attrazione terrestre così come la Terra si deforma per l'attrazione lunare. Non solo, la forza che deforma leggermente la Luna ne rallenta anche progressivamente il movimento, e nel corso del tempo la Luna si è allontanata dalla Terra, che a sua volta ha rallentato la propria rotazione: all'epoca dei dinosauri, la Terra completava un giro su se stessa in diciassette ore, contro le ventiquattro di oggi. E il giorno terrestre continua ad aumentare, mano a mano che la superficie lunare visibile dalla Terra diminuisce. Capito? L'Universo non smette mai di muoversi!

Hai detto che anche il Sole ha un ruolo nel movimento delle maree. In che modo?

Sempre in base allo stesso processo: anche il Sole, infatti, esercita una forza di attrazione sulla Terra. Nonostante sia molto più grande della Luna, è anche molto più lontano dalla Terra, quindi la sua forza di attrazione è decisamente inferiore. Questo però spiega la differenza di ampiezza delle maree. Come sai, quelle che vengono definite «grandi maree» hanno luogo, almeno alle nostre latitudini, nel periodo degli equinozi, in marzo e in settembre, vale a dire quando il giorno e la notte hanno la stessa durata e il Sole e la Luna sono sullo stesso asse. La forza di gravità del Sole e della Luna si uniscono e sollevano di più il mare. Ai solstizi, invece, la Luna e il Sole sono su assi ad angolo retto, tirano uno di qua e l'altra di là, e provocano delle maree meno importanti.

Questo effetto di marea si ritrova in tutto il Sistema solare. Per esempio, sappiamo che se ogni 100.000 anni circa si verifica un'era glaciale, questo è dovuto agli effetti di marea congiunti tra la Terra, la Luna, il Sole ma anche Giove e Saturno. Ci si mettono proprio tutti! Ricorda una cosa: la Terra è una sfera e gira; da queste due caratteristiche dipendono tutti gli altri fenomeni fisici.

Perché in certi mari, per esempio nel Mediterraneo, non ci sono le maree?

Perché le maree si amplificano per risonanza. Facciamo un paragone: quando spingi la tua sorellina sull'altalena, all'inizio le dai una spintarella per farla muovere un po'. Poi è sufficiente che continui a spingerla a un ritmo costante e poco alla volta l'oscillazione dell'altalena avrà un'ampiezza sempre maggiore. Con le maree accade la stessa cosa. In sé sono spinte molto deboli, ma accumulandosi su uno spazio molto grande finiscono per avere degli effetti importanti. In realtà, anche nel Mediterraneo ci sono le maree, ma siccome lo spazio e il volume d'acqua sono ridotti (in rapporto all'immensità dell'oceano), i loro effetti sono scarsamente percepibili. Il Mediterraneo è un laghetto!

Onde di trenta metri

Anche le onde sono legate all'attrazione lunare?

No, anche se si ha l'impressione che siano loro a fare avanzare le maree, la Luna non c'entra nulla: le onde sono generate dal vento.

È per questo che cambiano sempre? Qui sulla costa della Bretagna ne ho viste di davvero impressionanti. Quale altezza possono raggiungere?

È un argomento molto dibattuto, poiché le osservazioni affidabili sono poche e i marinai tendono a esagerare i propri racconti. Bisogna comunque riconoscere che non è facile stimarne l'altezza da una nave sballottata dalla tempesta. Normalmente, dovrebbe esserci un rapporto diretto tra la forza del vento e l'altezza delle onde, ma non è quasi mai così. Le più alte che sono riuscito a osservare di persona durante i miei numerosi viaggi non superavano i diciotto metri – un'altezza comunque impressionante – ma anche con forte burrasca e venti a oltre sessanta nodi marini (più di 120 km/h) non crescevano ulteriormente, come se esistesse un effetto soglia. Ma le testimonianze di incidenti e naufragi ci raccontano di onde, molto rare, che si innalzano bruscamente fino a trenta metri e più: le cosiddette «onde anomale». È un fenomeno noto, esistono diverse ipotesi per spiegarlo, ma al momento nessuna è totalmente convincente.

Sono come degli tsunami?

Non proprio. Anche gli tsunami sono «anomali» – e quantomeno mostruosi – ma sono movimenti accidentali che non hanno niente a che vedere con il vento. Gli tsunami provengono dal fondo del mare: sono la conseguenza di terremoti sottomarini, talvolta molto lontani dalla costa dove si abbattono queste onde mostruose, come quelle che per esempio hanno devastato le coste dell'Indonesia e del Giappone negli anni scorsi. Il livello del fondale marino si muove soltanto di qualche metro, ma per diversi chilometri di lunghezza. Questa piccola spaccatura sposta una massa d'acqua considerevole, che si propaga in tutte le direzioni senza perdere forza. In superficie, l'onda potrebbe avere un'altezza limitata, di qualche decina di centimetri, ma essendo lunga diversi chilometri mette in movimento una massa d'acqua notevole. Avvicinandosi alla costa, l'onda conserva tutta la propria energia (la stessa energia che ha provocato il leggero movimento che l'ha originata) e si rafforza per sfregamento sui fondali meno profondi fino a raggiungere una decina di metri d'altezza. Può dunque produrre dei danni enormi. Quando si vedono le immagini di questi muri d'acqua che si abbattono sulle coste è difficile immaginare che, contrariamente alle onde anomale che si producono in alto mare, lo tsunami non sia minimamente percepibile dai marinai che lo incrociano al largo. In mezzo al mare non ci si accorge praticamente di nulla!

Le correnti: cuore, arterie, polmoni

Viene un po' il mal di mare a pensare che tutto si muove in continuazione: a causa del vento, della Luna, del Sole, e anche della Terra…

Eh sì, te l'ho detto: il mare è un ambiente instabile! Ma capisci bene che, per comprenderne i movimenti, non ci si può affidare solo a quel che si vede. Le correnti marine, per esempio, che da qui tu non vedi, sono fenomeni molto più importanti delle maree, con degli effetti ben più decisivi sulla nostra vita, perché sono direttamente responsabili delle variazioni climatiche.

Immagino che sia soprattutto il vento a provocare le correnti, o sbaglio?

Non sbagli... in superficie. Per spiegarmi meglio, ti propongo un'altra immagine: considera la circolazione delle correnti marine nell'oceano come se fosse la circolazione sanguigna nel nostro corpo. Il sangue viene inviato a tutti gli organi da una pompa – il cuore – e trasporta energia, elementi disciolti e particelle. Va a ricaricare d'ossigeno i polmoni e risale verso il cuore, in un ciclo che si ripete in continuazione. Nell'oceano, le arterie principali sono le correnti profonde, che ripartiscono le acque nell'insieme dei grandi fondali, in tutti i bacini, poi subentra la circolazione venosa e polmonare, che raduna le masse d'acqua tramite le correnti di superficie e le conduce alla pompa principale che si trova nel Mare di Norvegia. Il tutto assomiglia a un immenso tapis roulant.

Quanto tempo ci vuole per fare il giro completo?

Tra i millecinquecento e i duemila anni.

Un sacco di tempo! Niente a che vedere con il sangue, che fa tutto il giro in un battito del cuore.

In effetti, il paragone si ferma lì! Dobbiamo ragionare in base al ritmo geologico, secondo il quale duemila anni sono un periodo piuttosto breve per osservare il ruolo svolto dall'oceano nella regolazione globale del clima; ma è anche un periodo sufficientemente lungo per capire che l'evoluzione del clima è lenta.

Mmm… credo di avere più o meno capito: è un periodo lunghissimo per la vita umana, ma cortissimo per il pianeta. E il vento cosa c'entra in tutto questo?

Il vento, riprendendo il paragone con il corpo umano, svolge un po' il ruolo delle vene. Sono i venti regolari a formare le correnti di superficie in grado di trascinare masse d'acqua che vanno da alcune decine ad alcune centinaia di metri di spessore su distanze di diverse centinaia di chilometri.

Quando dici che sono venti «regolari», intendi che ne conosciamo la provenienza?

Ecco che ritroviamo il nostro Sole: è lui a inviarci l'energia che fa aumentare la temperatura. La temperatura è un altro elemento essenziale da considerare se vogliamo comprendere il mare. Tu sai che, siccome la Terra è una sfera, alle basse latitudini, mano a mano che ci si avvicina all'equatore, fa più caldo, e alle alte latitudini, mano a mano che si risale verso le regioni polari, fa più freddo. Questo perché i raggi del Sole colpiscono l'equatore quasi verticalmente e i poli in modo obliquo. L'aria calda delle zone equatoriali è poco densa e sale negli strati alti dell'atmosfera, dove si raffredda e ridiscende verso le medie latitudini nell'emisfero nord. Questo genera una vasta area di alta pressione nota come «anticiclone».

Come il famoso «anticiclone delle Azzorre» di cui parlano spesso alle previsioni del tempo in tv?

Esatto, proprio lui.

Il vortice dei venti

Quindi non c'entrano né i venti, né le correnti marine?

No, è tutto legato. Un anticiclone è sempre circondato da una specie di grande vortice di venti che trascina con sé le correnti, che si muovono in senso orario nell'emisfero nord e in senso antiorario nell'emisfero sud. La rotazione dei venti e delle correnti è il risultato della cosiddetta forza di Coriolis, di cui avrai senz'altro sentito parlare.

Ehm, ricordami che cos'è... tipo ripasso di geografia!

Coriolis era un ingegnere francese del XIX secolo, ed è stato il primo a identificare questo fenomeno, che riguarda tutti i movimenti delle masse d'acqua e d'aria sulla superficie terrestre. Ricorda: la Terra è rotonda e gira su se stessa da ovest verso est. Ed eccoci di fronte a una delle conseguenze di questo fatto: se si fa ruotare una sfera su un asse, la velocità di rotazione sarà quasi nulla ai poli ed elevata al centro. Ne consegue che una goccia d'acqua o un soffio d'aria calda che partono dall'equatore in direzione dei poli, più freddi, durante il percorso perdono velocità e vengono deviati verso destra nell'emisfero nord e verso sinistra nell'emisfero sud. Questa deviazione è nulla all'equatore, più accentuata alle medie latitudini (dove ritroviamo l'anticiclone delle Azzorre), e raggiunge il suo massimo ai poli.

Consideriamo l'esempio dell'anticiclone delle Azzorre (ma esiste lo stesso fenomeno anche nell'emisfero sud): è accompagnato da un'immensa rete di correnti, di cui la Corrente del Golfo è la più visibile, anche se non l'unica. Nasce nel Golfo del Messico (da cui il suo nome), ed è relativamente calda. Risale quindi verso nord passando tra le Bahamas e la Florida poi sfiora le coste americane raffreddandosi a poco a poco. Dopo avere attraversato l'Atlantico, si divide in due rami, uno dei quali prosegue verso l'Europa e l'altro verso le regioni artiche, dove le acque si raffreddano considerevolmente. Davvero un bel tragitto!

E immagino che modifichi le temperature delle zone che attraversa, esatto?

Esatto. Questo spiega perché alle medie latitudini, dove siamo noi, la riva europea dell'Atlantico sia complessivamente più temperata di quella americana: poiché trae maggiore beneficio dai venti e dalle correnti calde provenienti dai tropici. Tieni presente che entra in gioco anche una moltitudine di altri fattori, in particolare altri venti (per esempio gli alisei, che soffiano da est a ovest, e le correnti a getto, rapidi flussi d'aria che soffiano ad alta quota da ovest a est e hanno un ruolo fondamentale nella dispersione del calore sulla superficie del globo). Ma restiamo sul movimento generale.

Vediamo se ho capito bene: le masse d'aria, l'alta e la bassa pressione atmosferica, i venti, le correnti oceaniche, tutto gira nello stesso senso…

Hai capito benissimo! Le correnti oceaniche seguono fedelmente lo schema della circolazione atmosferica. A livello globale, venti e correnti hanno lo stesso ruolo: trasportare l'energia termica dai tropici ai poli. Ma la loro differenza essenziale è che l'acqua sposta molto più calore dell'aria (4000 volte in più, a parità di volume) e che, siccome una massa d'acqua possiede una grande forza inerziale, le correnti sono decisamente più regolari dei venti. Una volta messe in moto, sono difficili da fermare. I venti servono essenzialmente a portare avanti il movimento.

Se questi venti diminuissero, o si fermassero, la circolazione dell'acqua si rallenterebbe?

La configurazione generale delle correnti non ne sarebbe particolarmente perturbata, ma si potrebbero verificare delle variazioni temporanee della circolazione.

Ed è grave?

Potrebbe essere grave, sì, poiché il clima subirebbe un serio sconvolgimento, ma solo sul breve periodo. È il caso, per esempio, del fenomeno chiamato El Niño.

Ne ho sentito parlare, ma non ho mai capito bene di che cosa si tratta…

Da tempo si è osservato che in certi anni, al largo delle coste del Perù, si verifica una variazione significativa della circolazione oceanica. Nei periodi normali, le coste peruviane sono bagnate da acque fredde provenienti dalle alte latitudini, nord e sud. Queste acque convergono nella zona equatoriale, dove a poco a poco si riscaldano. Sono quindi spinte verso ovest dagli alisei e, allontanandosi dalle coste, si lasciano alle spalle la risalita di acque profonde (fenomeno noto con il termine di «*upwelling*»), fredde e ricche di elementi nutritivi, che favoriscono la fecondità delle popolazioni di pesci, per la felicità dei pescatori peruviani.

Ma di tanto in tanto, con una frequenza che va dai tre ai cinque anni, questo sistema si interrompe. Gli alisei si indeboliscono drasticamente e le acque calde di superficie non si spostano più verso ovest, ma si accumulano lungo le coste peruviane e impediscono la risalita delle acque profonde. La pesca si impoverisce rapidamente e i pescatori di conseguenza... Il fenomeno si verifica generalmente intorno a Natale, per questo i peruviani gli hanno dato il nome di «El Niño», per il *Niño Dios*, il bambin Gesù. Per marcare la differenza, i periodi cosiddetti normali sono stati chiamati «La Niña».

El Niño ha conseguenze notevoli non solo sulle coste dell'America meridionale. La sospensione del flusso delle acque equatoriali verso il Sudest asiatico provoca in queste regioni dei periodi di intensa siccità, accompagnati da catastrofici incendi delle foreste. Al centro del Pacifico si formano dei cicloni di ampiezza insolita mentre sulle coste americane l'evaporazione aumenta e si abbattono delle piogge torrenziali.

Le acque di fondo

Non hai finito di spiegarmi la circolazione delle correnti: parlavi di «correnti profonde», che sarebbero un po' come le nostre arterie, collegate al cuore…

Grazie per avermelo ricordato, per fortuna che ci sei tu! Le correnti profonde sono quelle che permettono il tragitto inverso, dal Mare di Norvegia all'equatore. È nel Mare di Norvegia, il cuore della circolazione delle correnti, che si formano le acque di fondo: l'acqua relativamente calda proveniente da sud si raffredda a causa delle basse temperature della regione. Ma la temperatura dell'atmosfera non è sufficientemente bassa per impedire un'evaporazione relativamente importante, e questo aumenta la salinità dell'acqua. Questi due fattori, raffreddamento e salinità, contribuiscono a rendere più dense le acque che, dunque, sono più pesanti e scendono a grande profondità. È la cosiddetta «circolazione termoalina» («termo» come calore, «alina» come sale). Le acque oceaniche, quindi, sono «stratificate»: le più leggere, e a minore profondità (meno di 1500 metri), sono le acque cosiddette superficiali, relativamente calde e poco salate; le più dense, dette acque profonde, sono molto fredde e più salate. La differenza di densità è il motore della circolazione delle acque profonde, che però dipende anche dalla forma dei bacini oceanici.

Cento milioni di anni fa i bacini erano molto diversi, e questo significa che lo era anche la circolazione oceanica, un elemento non privo di conseguenze sull'evoluzione del clima.

Ricordati la storia dei bacini oceanici, me ne hai già parlato e sono curiosa. Continua pure, intanto: perché l'acqua dei fondali è più fredda delle acque superficiali? Con la circolazione tutto dovrebbe mescolarsi...

In parte, come vedremo, accade proprio così. Ora seguiamo la corrente di acque profonde nordatlantiche che parte dal Mare di Norvegia: scende verso sud, la forza di Coriolis la spinge verso la sua destra – verso l'America – oltrepassa l'equatore, entra nei bacini dell'Atlantico meridionale – il bacino del Brasile e il bacino dell'Argentina – ed entra in contatto con le coste del continente Antartico. Nel suo percorso, attraverso lo scambio con le acque superficiali, la corrente ha perduto poco alla volta la sua salinità, e dunque la sua densità. A questo punto si divide: una parte delle acque lambisce il continente Antartico in direzione est. Un'altra parte risale lungo la dorsale antartica. Queste acque si raffreddano e scendono sul fondo a formare quelle che vengono definite le «acque di fondo antartiche», che occupano tutti i fondali oceanici sotto i 4000 metri di profondità con una temperatura media tra -1 °C e +2 °C. Ti chiedevi perché le acque di fondo sono così fredde. Abbiamo visto che sono di origine polare. Ora è necessario tornare al punto di partenza e vedere come le acque di fondo si ricongiungono con la loro sorgente nel Mare di Norvegia. Le correnti profonde risalgono verso la superficie quando urtano le masse continentali e, nel viaggio di ritorno, si riscaldano di nuovo, perdono poco a poco la loro densità e si ricongiungono con la Corrente del Golfo, che le riporterà nel Mare di Norvegia. Il cerchio è completo.

Il riscaldamento climatico come potrebbe modificare questa circolazione?

L'acqua che finisce nell'oceano in seguito allo scioglimento dei ghiacci polari è acqua dolce, e se il riscaldamento climatico dovesse provocare uno scioglimento massiccio dei ghiacci, l'acqua delle regioni polari sarebbe sempre meno salata, e dunque meno densa, andando a condizionare le correnti profonde. Tutto il motore della «circolazione termoalina» di cui ti ho appena parlato ne sarebbe sconvolto, e con lui l'intero sistema climatico. Alcuni recenti studi hanno già rilevato delle diminuzioni di salinità e degli aumenti temporanei di temperatura nelle acque profonde.

Ho anche sentito dire che la Corrente del Golfo rischia di rallentare, se non addirittura di scomparire. È vero?

Sì, non è impossibile. E se la Corrente del Golfo si ferma, l'intera circolazione va in panne, con conseguenze climatiche considerevoli. Ma non dimenticare che servono tra i millecinquecento e i duemila anni perché una particella d'acqua partita dal Mare di Norvegia possa ritornarvi. Questo significa che il clima non cambia in un batter d'occhio, c'è un certo grado di inerzia. In un certo senso fortunatamente, perché altrimenti l'aumento nell'atmosfera dei gas a effetto serra, e in particolare del famoso biossido di carbonio, la CO_2, si sarebbe già tradotto in un riscaldamento globale drammatico. Ma, ahimè, in natura quando un processo è lanciato, è irreversibile finché non si interviene sulle sue cause. Lo si può rallentare ma, almeno sul breve periodo, non si può tornare indietro. Nei prossimi decenni il riscaldamento climatico non potrà che peggiorare.

La nascita di un oceano

Hai detto poco fa che la circolazione delle correnti

profonde dipende anche dalla forma degli oceani. Vuoi dire che l'oceano Atlantico, che vedo qui davanti a me, non ha sempre avuto questa forma?

No. E non solo, non esiste da sempre. Questa è una delle scoperte più straordinarie fatte negli ultimi cinquant'anni. Cento milioni di anni fa la circolazione nord-sud delle correnti profonde era impossibile, perché non c'erano aperture tra i continenti, né a nord, né a sud. Le acque fredde erano bloccate nei dintorni dei poli. La circolazione oceanica avveniva soltanto da est a ovest a livello dell'equatore, dunque le acque erano calde, non si raffreddavano mai, e il clima era caldo e inospitale.

Come facciamo a saperlo?

È una lunga epopea scientifica! Ti do un primo indizio: per esempio, si trovano fossili di pesci sulla terraferma, in regioni come il bacino parigino o in quello d'Aquitania, e addirittura in cima alle montagne!

Significa che a un certo punto queste regioni erano sotto il mare?

Ottima deduzione! In determinati periodi c'erano oceani in luoghi da cui oggi si sono ritirati e, al contrario, oggi ci sono oceani in bacini che una volta non esistevano. Lezione numero uno: i bacini oceanici non sono né fissi, né definitivi.

Comincio a capire perché ti ho sentito spesso ripetere: «Gli oceani nascono, vivono e muoiono».

E ora ti racconterò la nascita di un oceano! Ma prima ti do un altro indizio: prendi il mappamondo che ho portato e osserva la forma dell'Atlantico. Sembra una grande «S» con le due Americhe a sinistra e l'Africa a destra. Non c'è niente che ti colpisce?

Certo che sì! Sembrano i pezzi di un puzzle: il continente africano si incastra perfettamente tra le due Americhe. Che scoperta! Non c'è bisogno di aver studiato geologia per dieci anni per accorgersene.

Sono del tuo stesso parere, e io e i miei compagni di scuola la pensavamo come te! Ma ci insegnavano il contrario: «Assolutamente no, è un puro caso se vi sembra che le forme si incastrino» ci dicevano. Ho fatto tutti i miei studi superiori studiando la cosiddetta «teoria fissista». Solo alla fine degli anni Cinquanta alcuni scienziati hanno ipotizzato che i fondali marini, e dunque i continenti, si fossero mossi nel corso del tempo. Oggi sappiamo che 190 milioni di anni fa i continenti formavano un blocco unico.

E bravi gli scienziati! E avevano la prova sotto gli occhi...

Sono d'accordo! È incredibile che la scienza abbia opposto così tante resistenze davanti all'evidenza. Ma l'evidenza non basta quando parliamo di scienza! C'era un grosso problema per dimostrare questa ipotesi: anche ammettendo che i continenti, un giorno, avessero formato un blocco unico, come spiegare la loro separazione? Quale forza avrebbe potuto trascinarli in giro per gli oceani come i rimorchiatori che conducono in porto le navi? Sul piano fisico sembrerebbe impossibile.

Misurare i fondali marini

Mi sembra incredibile che nessuno abbia provato a occuparsi del problema! Se io fossi stata una geologa ai tempi di Jules Verne, mi sarei impegnata moltissimo per risolverlo!

E forse ci saresti riuscita... ma ti sarebbe mancato un elemento fondamentale: poter scendere davvero ventimila leghe sotto i mari con un vero *Nautilus*, non soltanto con l'immaginazione! Strano a dirsi, ma i fondali marini non hanno suscitato la curiosità scientifica fino al 1850, nonostante gli uomini si fossero sempre chiesti che cosa potesse esserci in fondo al mare: i filosofi greci dell'Antichità pensavano che si potesse raggiungere il centro della Terra e che il Mediterraneo fosse senza fondo (anche se una profondità media di 2400 metri non è un granché in confronto all'Atlantico. Ma loro non potevano saperlo). Ricordati sempre che per l'uomo il mare è un ambiente estraneo. Ha cominciato presto a costruire imbarcazioni per navigarlo, ma per esplorarne i fondali si è dovuto attendere... l'invenzione del telegrafo e del telefono!

Che legame c'è tra il telefono e il mare?

Come vedrai, la ricerca scientifica spesso procede per cammini tortuosi! Quando si è deciso di estendere la rete telefonica da un continente all'altro, si è rivelato necessario sistemare dei cavi sottomarini. Nel canale della Manica, tra la Francia e l'Inghilterra, questo non ha posto particolari problemi, poiché i rilievi sottomarini sono scarsi; ma nell'Atlantico, tra l'Europa e l'America, fu, lasciamelo dire, davvero un altro paio di maniche!

Bella battuta! E perché?

Era il 1858, e allora non si sapeva granché dei fondali atlantici. Bisogna dire che misurare la profondità del mare è molto difficile. Si era tentato con le sagole di canapa, e in seguito con dei cavetti d'acciaio, ma venivano deviati dalle correnti e non erano mai abbastanza lunghi. Per farla breve, a metà dell'Ottocento, quando gli ingegneri delle telecomunicazioni srotolarono i cavi dalle loro navi, si accorsero che nel bel mezzo dell'Atlantico i fondali risalivano in modo spettacolare per poi ridiscendere, come se sotto i loro piedi ci fosse un antico continente sommerso, forse Atlantide, l'isola inghiottita dalle acque che aveva fatto sognare tanti marinai. Gli inglesi, allora, organizzarono le prime grandi spedizioni oceanografiche per la mappatura dei fondali e, tra il 1895 e il 1910, il principe Alberto I di Monaco ne lanciò delle altre. Ma gli strumenti risultarono inadatti a raggiungere le grandi profondità marine. Si dovette attendere il 1915, con l'invenzione del sonar da parte di Paul Langevin, per potere effettuare delle misurazioni più affidabili.

Come funziona il sonar?

È lo stesso principio dell'ecoscandaglio: una fonte sonora sul fondo e un ricettore in superficie. È sufficiente misurare il tempo che impiega un'onda sonora per raggiungere il fondale e tornare in superficie per dedurne, conoscendo la velocità di propagazione del suono nell'acqua (1500 metri al secondo in media), la profondità percorsa. Paul Langevin perfezionò il principio utilizzando delle fonti di onde sonore e ultrasonore a cristalli di quarzo.

E come sono stati i risultati di queste misurazioni?

Spettacolari! Il rilievo centrale dell'Atlantico è stato mappato nei minimi particolari. Si è visto che si tratta di una lunghissima catena montuosa a forma di «S», a cui è stato dato il nome di «dorsale medio-atlantica», e soprattutto si è scoperto che questa catena si prolunga nell'Oceano Indiano e fino al Pacifico per una lunghezza complessiva di circa 60.000 chilometri. Sulla sua sommità si trova spesso una vallata centrale ed è tagliata in certi punti da grandi faglie trasversali che formano una specie di «M».

Una montagna nell'oceano?

Non esattamente. La sua morfologia non ha niente a che vedere con le catene montuose continentali. Ci si trovò di fronte a una «cosa» unica e molto enigmatica, che sembrava caratterizzare tutti i fondali oceanici. Bisognava spiegarla in qualche modo! L'avventura era appena incominciata.

Immagino che abbiano prelevato subito delle rocce di questa catena montuosa per sapere di cos'era fatta, vero?

Certo. E, sorpresa, le rocce ottenute tramite dragaggi sulla sommità e sui fianchi della catena erano sempre uguali: rocce vulcaniche di tipo basaltico, con una composizione omogenea in tutti gli oceani. Avevano l'aspetto particolare che assume la lava quando viene eruttata nell'acqua e una struttura a forma di cuscino (che in inglese è detta *pillow*). Nell'oceano Atlantico, la dorsale centrale è infatti costituita da una successione continua di bocche vulcaniche, che eruttano in continuazione lava che va a depositarsi sul fondale. Questa attività prosegue lungo tutta la dorsale. In Islanda emerge dall'oceano e si manifesta con le continue eruzioni vulcaniche dell'isola. Altra grossa sorpresa, queste bocche vulcaniche sono accompagnate da un'intensa attività idrotermale (una circolazione d'acqua calda, se preferisci) che ha permesso a una fauna molto originale (vermi giganti, granchi e altri crostacei, innumerevoli batteri) di svilupparsi intorno a dei piccoli geyser d'acqua calda, detti anche «fumarole nere», a cui sono associati delle vere e proprie oasi.

Di bene in meglio: non una montagna ma ad-

dirittura un vulcano sul fondo dell'oceano! Se nel 1915 fossi stata geologa, o oceanografa, avrei avuto tutti gli elementi per scoprire come si erano spostati i continenti?

Quasi tutti. Inoltre, era stata studiata la composizione della fauna e della flora fossile sulle due rive dell'Atlantico ed erano state scoperte le stesse specie in America e in Africa alle stesse latitudini, cosa che evidentemente giocava a favore dell'antica vicinanza dei due continenti. Infine, nel 1912, un meteorologo tedesco, Alfred Wegener, aveva pubblicato la sua teoria della «deriva dei continenti»... ma all'epoca era stato sbeffeggiato.

Perché?

Perché gli mancavano quelle che anche tu, se fossi stata sua contemporanea, avresti dovuto avere: le prove fisiche della teoria. La dorsale medio-atlantica era una catena vulcanica, su questo si era tutti d'accordo, ma come aveva fatto questa immensa forma allungata che si estendeva negli oceani del mondo intero a spostare i continenti? Ecco il vero mistero. Mistero che sarà svelato solo molto più tardi, negli anni Sessanta... Proprio l'epoca in cui ho cominciato il mio lavoro.

La tettonica delle placche

Raccontami allora che cosa fu scoperto e come.

Ancora una volta, la ricerca imboccò dei percorsi inattesi, questa volta grazie... alla seconda guerra mondiale, o piuttosto alla ricerca militare che seguì il conflitto. I sottomarini tedeschi si erano rivelati particolarmente letali per le imbarcazioni alleate nell'Atlantico del Nord e, conclusa la guerra, la marina militare degli Stati Uniti intraprese delle ricerche per perfezionare un sistema di localizzazione degli ordigni sottomarini. L'obiettivo era individuarli attraverso la loro impronta magnetica. Essendo metallici, agiscono come delle specie di calamite che perturbano localmente il campo magnetico. Ma, per poterli localizzare, serve innanzitutto un campo di riferimento, cioè bisogna conoscere il magnetismo dell'oceano senza la presenza del sottomarino, da cui la necessità di ottenere delle mappe dettagliate. Per questo motivo, la US Navy finanziò delle spedizioni universitarie di ricerca oceanografica (che furono anche le prime spedizioni a cui ho partecipato) in cambio di queste rilevazioni magnetiche. Era sufficiente che le nostre navi si tirassero dietro dei magnetometri che registravano in continuazione l'intensità del campo magnetico.

Aspetta, fermati un momento! Puoi spiegarmi questa storia del magnetismo?

Sai che cosa sono i magneti? Sono delle piccole barre di ferro magnetizzate che si attraggono o si respingono quando le si avvicina. Alle due estremità del magnete c'è un polo: un polo «nord» e un polo «sud». I poli di polarità opposta (un nord e un sud) si attraggono, i poli con la stessa polarità (un nord e un nord) si respingono. La Terra possiede un nucleo solido che contiene molto ferro e intorno un nucleo liquido percorso da correnti convettive, cosa che produce delle correnti elettriche e dei campi magnetici, come una dinamo. Questo fa della Terra un gigantesco magnete a cui è associato un campo magnetico, presente dappertutto, e che la tua bussola riconosce. Il polo nord magnetico del pianeta è situato da qualche parte nel grande Nord canadese, e il polo sud magnetico è situato nell'Antartico. Scoperta fondamentale per l'argomento che stiamo trattando: i poli magnetici si spostano sulla superficie della Terra e a volte si invertono. Le rocce e i sedimenti conservano il loro campo magnetico originario e i geologi hanno così potuto riscontrare delle inversioni più o meno regolari del magnetismo terrestre, all'incirca ogni milione di anni. Tuttavia, si verificano anche delle interruzioni più lunghe di questo fenomeno, a volte di diverse decine di milioni di anni. Non si conosce il motivo per cui i poli si invertono, ma è così: si definiscono «anomalie» magnetiche.

Torniamo sulla tua nave: che cosa avete trovato trascinando i magnetometri in giro per l'Atlantico?

Abbiamo fatto una scoperta straordinaria, che ha rivoluzionato tutto ciò che sapevamo sul mare, e dunque sulla Terra. Tramite le misurazioni ci siamo accorti che sui due lati della dorsale medio-atlantica, in modo assolutamente simmetrico, si registravano, per tutta la lunghezza della dorsale, le stesse successioni di anomalie magnetiche (in seguito si scoprirà che è così in tutto il mondo). Se si rappresenta il nostro campo magnetico in nero e il campo magnetico opposto in bianco, si ha come la pelle di una zebra, una serie di strisce nere e bianche da una parte e dall'altra.

E cosa significa?

Grazie al lavoro di un ricercatore francese, Bernard Brunhes, sapevamo già che in passato il campo magnetico aveva conosciuto una serie di inversioni, che erano state registrate nelle accumulazioni laviche del Massiccio Centrale, nel Sud della Francia. Era dunque probabile che le anomalie magnetiche registrate sulle rocce vulcaniche delle dorsali fossero testimonianze della formazione della crosta oceanica. Ecco finalmente come si forma la crosta oceanica: la materia vulcanica fuoriesce dai due lati della dorsale, si deposita, poi è risospinta in basso dall'eruzione successiva e così via; lo strato più recente si trova più vicino alla cima della dorsale. Questo perché i fondali marini devono allargarsi regolarmente, essere in perpetua espansione.

Ma allora, anche la superficie della Terra dovrebbe ingrandirsi. Perché il nostro pianeta non diventa più grosso?

Perché la materia torna all'interno della Terra, scivola sotto la crosta terrestre e compensa l'espansione. È la cosiddetta «subduzione». La crosta oceanica più vecchia, densa e pesante, scorre sia sotto la crosta continentale, più leggera, sia sotto delle porzioni di crosta oceanica più recenti, e dunque anche più leggere. Abbiamo quindi una circolazione di materia dalla superficie all'interno del pianeta. Sulla superficie della Terra, oltre alle placche Atlantiche e Pacifiche, si contano una decina di placche in costante movimento. Per definire questa attività globale si usa l'espressione «tettonica delle placche».

Hai detto che la crosta scompare. Dove va?

Quando una placca scorre sotto un'altra, le rocce sono portate sempre più in profondità, dove incontrano delle temperature sempre più elevate (aumentano di circa 3 °C ogni cento metri). Questi materiali entrano progressivamente in fusione, a seconda della loro composizione. Si formano delle sacche di lava, eruttate dai vulcani, che hanno la tendenza a risalire verso la superficie. Questo è il motivo per cui, al confine tra le placche, in particolare lungo il bordo occidentale dell'America, dalle Ande fino al Messico e all'Alaska, e sull'altro lato dell'oceano, in Giappone, c'è quella bella sequenza di zone sismiche e vulcaniche che ben conosciamo. Questo vulcanismo che circonda il Pacifico è stato battezzato «Cintura di fuoco del Pacifico». Dal lato Atlantico si segnala la regione delle Antille, che è stata luogo di eruzioni vulcaniche di enorme violenza (il monte Pelé in Martinica nel 1902 e il terremoto di Haiti nel 2010). Poi c'è la zona sismica che attraversa tutto il Mediterraneo fino al Mar Rosso, con i famosi vulcani italiani – Vesuvio, Etna, Stromboli – e la terribile eruzione di Santorini nel secondo millennio a.C.

Quasi i tre quarti della crosta terrestre si sono formati in questo modo, e prima degli anni Sessanta non lo sapevamo, perché fino ad allora nessuno immaginava che tutto avesse avuto origine nel fondo del mare. La teoria della tettonica delle placche fu presentata nel 1967 a Washington durante il congresso annuale della American Geophysical Union da un geofisico americano, Jason Morgan… davanti a una sala pressoché vuota perché tutti erano andati a pranzo. Ma presto fu pubblicata e riconosciuta dalla comunità scientifica.

I vulcani sottomarini

Ma, alla base, che cos'è che fa muovere tutto?

Hai ragione: è necessario un motore. I vulcani non bastano: la lava che eruttano all'inizio è molto fluida e non riuscirebbe a spingere le placche terrestri per diverse migliaia di chilometri. Bisogna che il motore sia situato più in profondità, all'interno del mantello della Terra.

La Terra ha un mantello? Non capisco…

Devi immaginare la Terra come un uovo. Il guscio è la crosta terrestre (la crosta continentale e la crosta oceanica). Al centro c'è il «tuorlo», il nucleo, costituito da magma ferroso in fusione (a più di 4000 °C). Intorno c'è il mantello, vischioso come albume, che si deforma al calore come se fosse di cera. All'interno del mantello agiscono delle correnti di convezione, come in una pentola, con delle zone calde al centro e delle zone fredde ai lati. Questo fa risalire in cima alle dorsali le rocce del mantello, che colano da entrambe le parti e separano poco a poco la crosta, formando una specie di cicatrice che si riempie con il vulcanismo.

La tettonica delle placche spiega tutto il vulcanismo del pianeta?

No, non tutto. Quasi tutto il vulcanismo provocato dalla tettonica delle placche si trova al confine tra le placche, sia quando si separano (i vulcani sorgono dalla cicatrice dell'oceano), sia per il fenomeno della subduzione (è l'esempio che ho evocato poco fa parlando della «Cintura di fuoco del Pacifico»). È un sistema permanente e regolare. Ma esiste anche un vulcanismo accidentale, fatto da vulcani che sorgono in mezzo all'oceano o intraplacca, cioè al centro di una placca. Abbiamo impiegato molto tempo a capire quale ne fosse l'origine. Si è scoperto che la sua origine poteva essere a profondità ancora maggiori, al confine con il nucleo della Terra, alla base del mantello, in una zona molto instabile da cui di tanto in tanto si staccano dei pennacchi di materia in fusione in grado di risalire verso la superficie. Questi vulcani vengono definiti «punti caldi». Sulla superficie terrestre ne sono stati identificati almeno una cinquantina, alcuni praticamente estinti, altri, come alla Réunion o alle Hawaii, molto attivi. I punti caldi non sono legati alla tettonica delle placche, ma ci informano sui loro spostamenti. Immagina di sistemare una sbarretta di metallo sopra una fiamma. Si fa un buco. Se sposti la placca di cinque millimetri, si fa un altro buco. Allo stesso modo possiamo seguire il movimento delle placche.

L'oceano, quindi, è pieno di vulcani che spuntano dall'acqua per caso e di altri che spariscono?

Spariscono ai nostri occhi. Affondano. Per esempio, gli atolli del Pacifico sono vulcani sommersi.

Quindi ho nuotato in un vulcano? In effetti, l'acqua era molto calda e c'erano anche dei pesci multicolori, delle meduse e dei coralli magnifici... Parlami degli atolli, dimmi come si formano esattamente.

Tutto comincia da un vulcano sottomarino che risale da uno dei punti caldi di cui abbiamo appena parlato. La lava si fa strada tra gli strati terrestri, raggiunge la superficie e forma un'isola vulcanica. Intorno all'isola, qualche metro sotto la superficie dell'acqua, si installano delle colonie di coralli multicolori. Voglio precisare che, contrariamente alle apparenze, il corallo non appartiene al mondo vegetale ma a quello animale...

Ovviamente lo sapevo!

Ma è sempre meglio specificarlo. Il corallo è un organismo animale marino che vive in banchi, come certi pesci. Una delle sue caratteristiche principali è di avere bisogno di molta luce per sopravvivere. Si installa quindi alle basse profondità, dove l'irraggiamento è sufficiente. Al corallo serve anche il calore: il Pacifico tropicale, tra le latitudini 30 gradi Nord e 30 gradi Sud, con l'acqua alla temperatura di 27 °C, è il suo ambiente ideale, e nei dintorni di un vulcano è anche meglio. Il banco di corallo prende dunque posto intorno all'isola che costituisce il vulcano. Conseguentemente all'attività tettonica, il sottosuolo marino affonda lentamente da una parte e dall'altra delle dorsali trascinandosi dietro tutta l'isola, compresa la cintura di corallo. Sotto la minaccia di scomparire nell'oscurità degli abissi, i coralli cominciano a riprodursi per continuare a beneficiare della luce del sole.

Bisogna che crescano in fretta, allora!

Le possibilità sono due. Nella prima, il corallo cresce più in fretta dell'affondamento del suolo e riesce a restare nella zona illuminata, formando una scogliera o una barriera intorno al cratere sommerso del vulcano, nel quale si formerà un lago molto caldo, che potrà essere aperto sull'oceano oppure no. Avremo in tal caso un atollo classico, come quelli che si vedono sulle cartoline, con gli squali e i turisti. Nella seconda, se l'affondamento del sottosuolo è troppo rapido per permettere la sopravvivenza del corallo, tutto scompare. Dagli abissi, come residuo del vulcano, si innalzerà un affioramento di roccia: il *guyot*. A tal proposito, ti faccio notare che quasi tutti i *guyots* del Pacifico – in realtà del mondo intero – risalgono a un'epoca molto precisa: il «medio» Cretaceo. In generale hanno tra i 120 e i 90 milioni di anni. In questo periodo, come risultato di un effetto serra particolarmente forte, a sua volta provocato da un evento vulcanico sottomarino eccezionale, si verificò un importante riscaldamento climatico globale associato a un rapido innalzamento del livello dei mari. Forse è stata proprio questa la causa della scomparsa di centinaia di atolli.

Possiamo temere che gli atolli muoiano allo stesso modo anche oggi?

Le scogliere coralline, come hai visto, sono delicate: se il livello del mare sale, possono morire per mancanza di luce; se l'acqua si riscalda troppo, gli organismi microscopici di cui si nutrono i coralli scompaiono e quindi il corallo perde i suoi magnifici colori, diventa bianco e muore a sua volta. Attualmente si teme per la sopravvivenza dei coralli in molte zone del pianeta. La

Grande Barriera Corallina, nell'Est dell'Australia, dal 1985 si è ridotta quasi della metà. La causa di questa ecatombe è una stella marina particolarmente vorace, ma c'entrano anche le conseguenze di cicloni e tempeste e, senza dubbio, il riscaldamento climatico. Siamo lontani dall'evento vulcanico del Cretaceo medio ma la scomparsa dei coralli è un segnale inquietante dell'evoluzione del clima.

La danza dei continenti

Torniamo alla tettonica delle placche. È così che abbiamo capito come si era verificata la deriva dei continenti?

Sì, e con un po' di ritardo anche il buon Wegener è stato riabilitato. Se non altro per la sua intuizione, poiché all'epoca la spiegazione che aveva fornito non stava in piedi. Ma oggi sappiamo quando e come sono nati gli oceani… e come continuano a separarsi.

Allora racconta: «C'era una volta il pianeta Terra, con un grande oceano e un grosso blocco di terra solida…»

È successo tutto un miliardo di anni fa. Al centro della Terra, e anche sulla sua superficie, tutto si muove; in base alle nostre conoscenze, l'attività tettonica sarebbe cominciata circa due miliardi di anni prima. A quell'epoca, la vita terrestre era ancora microbica. Esisteva un continente unico, chiamato «Rodinia». Si ritiene che, nel corso di questo periodo, la Terra sarebbe stata a più riprese coperta di ghiaccio: una vera e propria «palla di neve». Rodinia si è scissa in seguito in diversi continenti, mentre nel mare, poco più di 500 milioni di anni fa, fece il suo esordio il grande capitolo dell'evoluzione della vita che viene definito «esplosione cambriana». Nascono gli artropodi, i molluschi e moltissimi altri animali poi scomparsi. Quindi ricomincia una nuova fase di assemblaggio di pezzi per far rinascere un continente unico. Questa riunificazione si è completata circa 200 milioni di anni fa. È l'epoca dei dinosauri e delle conifere. Il grande oceano si chiama «Panthalassa» («tutto il mare», in greco), e diventerà l'oceano Pacifico. Il grande continente si chiama «Pangea» («tutta la terra», sempre in greco). A nordest dell'Africa si profila già un grande oceano: la «Tetide». Sulla Pangea vivevano dei rettili giganti, immersi in una vegetazione lussureggiante. Sotto l'effetto di sommovimenti interni della massa planetaria, che poi ti spiegherò, la Pangea si frammenta all'inizio in due continenti: a nord la «Laurasia», che in seguito diventerà l'Asia, l'Europa e l'America del Nord, e a sud il «Gondwana», che diventerà l'Africa, l'America del Sud, l'Australia, l'Antartide e l'India.

Quaranta milioni di anni dopo, un mare occupa lo spazio tra la (futura) America del Nord e la (futura) Africa: nasce l'oceano Atlantico, anche un po' per la spinta verso ovest della Tetide. Altri quaranta milioni di anni dopo la frattura si allarga e le (future) America del Sud e Africa si separano, aprendo progressivamente l'Atlantico verso il polo australe a sud e verso la (futura) Islanda a nord, mentre a sudest il blocco continentale che formerà l'Antartico, l'Australia e l'India si stacca dalla costa orientale dell'Africa e comincia a risalire rapidamente verso nord andando a sbattere contro l'Asia, scivolandone parzialmente al di sotto. Da questo shock nascerà l'immensa catena montuosa dell'Himalaya. Infine, 40 milioni di anni fa, la struttura dei continenti comincia a prendere a poco a poco la forma che conosciamo oggi. E i continenti hanno continuato a modificarsi e ad allontanarsi. Ancora oggi, l'America e l'Europa si allontanano l'una dall'altra di circa due centimetri all'anno.

Che cantiere!

Puoi dirlo forte! Chiunque avesse osservato

dallo spazio come in un filmato accelerato la geografia del nostro pianeta avrebbe avuto l'impressione di assistere a una danza frenetica: attrazione, repulsione, un solo continente, scissioni, di nuovo fusione, poi altre separazioni spettacolari, frammenti isolati che si riuniscono per formare un unico continente e in seguito si rompono di nuovo in tanti pezzi...

Un movimento a fisarmonica.

Esatto. E potremmo chiederci se questo movimento a fisarmonica (aggregazione-separazione) è nella natura della Terra o se è un movimento aleatorio...

In effetti, sulla superficie della Terra tutto fluttua, non c'è niente di fisso!

Hai capito perfettamente: tutto fluttua... persino l'oceano!

E il Pacifico, in tutto questo avanti e indietro, che fine ha fatto? Immagino che non abbia assistito alla riduzione del suo bacino senza colpo ferire...

Oggi è più piccolo che ai tempi della Pangea, certo, ma è pur sempre l'oceano più grande: occupa praticamente la metà del globo. La sua storia è più complicata da ricostruire di quella dell'Atlantico: i suoi fondali sono molto più accidentati, soprattutto sul lato occidentale, dove si trovano una serie di fosse profondissime (quella delle Marianne, con i suoi undici chilometri, è la più profonda del globo), montagne e vulcani. C'è anche una dorsale, da dove emerge il magma dal cuore della Terra, ma più modesta rispetto a quella atlantica: scende lungo la costa occidentale del Messico e in seguito risale verso l'Australia. A quanto pare, in un passato lontanissimo, lungo la crosta oceanica del Pacifico ci sarebbero state almeno cinque dorsali collegate le une alle altre a forma di stella. I movimenti di subduzione ne avrebbero poi trascinate quattro nelle grandi fosse oceaniche.

I sedimenti marini, archivi della Terra

Con la tettonica delle placche e la deriva dei continenti si può spiegare tutta la storia della Terra?

No, assolutamente no. Ma una cosa di cui siamo sicuri è che il mare è l'unico ad averla registrata, poiché accumulati sui fondali si trovano dei sedimenti che permettono di risalire molto indietro nel tempo.

Ma, se ricordo bene dalle lezioni di scienze, ci si imbatte in strati di sedimenti anche scavando la terra!

Sì, ma è una cosa diversa. Sono sedimenti uguali a quelli dei fondali marini, che si sono sollevati e sono emersi al momento della formazione delle catene montuose, oppure sedimenti recenti, e formati sul posto, come il loess, portati dal vento, o ancora sedimenti lacustri, risalenti solo a qualche migliaio di anni fa.

Dei neonati, dal punto di vista della geologia!

Ah, di sicuro i geologi, gli astrofisici e gli oceanografi non hanno fretta! Pensano in milioni di anni quello che tu pensi in giorni. Ma non ti sembra affascinante immaginare che, nei sedimenti nascosti nei fondali marini, si possa leggere, come nelle pagine di un libro, la traccia di ciò che era la Terra fino a 200 milioni di anni fa?

Sì, certo. È come visitare degli archivi sommersi.

Esatto: l'oceano è l'archivio della Terra. Un grande termometro storico che ci ha permesso di ricostruire l'evoluzione del clima negli ultimi milioni di anni – e questo già non è male – e quindi comprendere l'intero funzionamento del sistema Terra: oceano-atmosfera-biosfera. Il clima è il risultato delle interazioni permanenti tra questi tre elementi. Questo piccolo pianeta a forma di palla perduto nell'oscurità immensa contiene tutto quanto, dall'esterno non arriva nulla a parte l'energia del Sole… e l'acqua delle comete!

Come fate a misurare il clima di un milione di anni fa?

Si praticano delle perforazioni nei fondali marini. Come in geologia, si prelevano delle «carote» di circa trenta metri e si scende sempre più in profondità, a volte fino a due chilometri: scendendo nello spazio, si risale indietro nel tempo. Dal momento che si è piuttosto lontani dalla terraferma, questi campioni di sedimenti contengono quasi esclusivamente resti di plancton costituito da organismi marini, piante o animali minuscoli, sia calcari, sia silicei, che vivevano in superficie e sono caduti sul fondale una volta morti. Questi organismi non vivono a lungo (all'incirca quindici giorni) – sono esseri unicellulari, come le amebe, o microalghe – ma mutano continuamente secondo le leggi dell'evoluzione e le loro mutazioni ci danno un'indicazione generale dei cambiamenti climatici. Sono animaletti formidabili, dei veri e propri termometri: grazie a loro conosciamo la temperatura e la salinità dell'acqua dell'epoca in cui vivevano con una precisione straordinaria, uno scarto di un secolo al massimo!

Traduco: in tempi geologici, è un decimo di secondo!

Anche meno! Se paragoniamo a un anno l'età dell'Universo, è un centesimo di secondo!

Però non capisco come abbiano fatto queste bestiole vissute milioni di fa a tenere traccia della temperatura di allora!

Perché riusciamo a misurare determinati fenomeni fisico-chimici, in particolare la presenza di ossigeno, che resta rilevabile nelle conchiglie calcaree di questi organismi. Piccolo ripasso di chimica: l'ossigeno ha diversi «isotopi» (diverse versioni, se preferisci), tra cui l'ossigeno 16 (che si trova nell'acqua che beviamo e nell'aria che respiriamo) e l'ossigeno 18 (che si trova principalmente nell'acqua di mare). Cercherò di fare in fretta per non annoiarti, ti dico soltanto che è il dosaggio di questi due isotopi a informarci sulla temperatura: se nelle conchiglie del plancton troviamo molto O18 e poco O16, significa che questi organismi sono vissuti in un'epoca fredda. Allo stesso modo si studiano le bolle d'aria intrappolate nei ghiacci polari. È così, per esempio, che siamo riusciti a ricostruire il ritmo regolare delle glaciazioni e del riscaldamento climatico nel corso dell'ultimo milione di anni: ogni 100.000 anni circa si verifica un'era glaciale.

La pompa biologica

Oggi, scavando sotto il mare, cosa ci fa pensare che possa verificarsi un riscaldamento anomalo del clima?

Si riscontrano, per esempio nei sedimenti, dei tassi di anidride carbonica (CO_2) e delle temperature diversissime da quelle di oggi: la CO_2 è raddoppiata rispetto ai massimi raggiunti durante le ere glaciali e i periodi interglaciali. Come si può spiegare questo squilibrio? Come abbiamo già detto a proposito delle correnti, il mare è una vera e propria «pompa biologica». In superficie, i piccoli organismi che costituiscono il plancton hanno uno scambio continuo con l'atmosfera: il plancton vegetale, il più abbondante, assorbe gran parte della sua CO_2. Al contrario, nei fondali dove cadono dopo essere morti, gli stessi organismi liberano molta CO_2, che le correnti fanno risalire in superficie per tornare nell'atmosfera dove sarà nuovamente assorbita dal plancton. Questo ciclo continuo regola la quantità di anidride carbonica presente nell'atmosfera. Se la circolazione delle correnti è molto attiva, la pompa permette all'oceano di assorbire molta CO_2; se è scarsa, la CO_2 si accumula nell'atmosfera. Ora, come senz'altro saprai, l'anidride carbonica è uno dei gas che più influiscono sull'effetto serra. La pompa biologica è uno degli elementi essenziali per controllare la temperatura globale.

Oggi, dunque, la pompa perde colpi! È facendo un confronto con il passato che si può affermare che la CO_2 *non era mai stata così presente nell'atmosfera?*

Sì, il suo livello attuale è eccezionalmente elevato. Erano anni che non raggiungeva un valore così alto, che aumenta a un ritmo rapidissimo fin dagli anni Cinquanta.

L'anidride carbonica è un gas prodotto naturalmente durante le eruzioni vulcaniche, gli incendi delle foreste e dall'insieme dei fenomeni biologici (respirazione animale e vegetale, degrado delle sostanze biologiche). La quantità mondiale prodotta da queste fonti naturali è di circa 3 miliardi di tonnellate di carbone. Ma si valutano in 7 miliardi di tonnellate di carbone (più del doppio!) quelle prodotte dall'uso delle energie fossili da parte dell'uomo e dalla deforestazione.

Una parte di questo gas viene assorbita dalle acque oceaniche, secondo il processo che andrò a spiegarti, e l'altra dalla vegetazione terrestre che se ne nutre.

Parlando della scomparsa degli atolli hai già accennato agli effetti del riscaldamento climatico sul livello del mare. Ma non capisco una cosa: all'inizio mi hai detto che il volume d'acqua complessivo nei mari di tutto il mondo è costante, poi mi hai detto che il livello sale. Da dove viene quest'acqua, allora?

Riscaldandosi, la massa d'acqua oceanica si dilata, dunque occupa più posto, e il livello del mare si alza. I ghiacci delle calotte polari, che si formano per l'accumulo di neve divenuta ghiaccio, si fondono sempre più. Questo trasferimento di acqua dai continenti al mare ne fa aumentare il livello. A tal proposito, bisogna distinguere i ghiacci polari dal «ghiaccio di mare», la cosiddetta «banchisa», che è l'acqua di mare gelata. Lo scioglimento della banchisa (poiché anch'essa ha la tendenza a sciogliersi) non aumenta il livello del mare. Puoi verificarlo facilmente facendo sciogliere un cubetto di ghiaccio in un bicchiere d'acqua: il livello dell'acqua non sale. Tuttavia, la scomparsa della banchisa ha effetti catastrofici sulla fauna locale, come gli orsi polari, che sono gravemente minacciati di estinzione. Senza contare che la banchisa svolge un ruolo essenziale nell'equilibrio del clima: la sua superficie bianca riflette i raggi solari, e la sua scomparsa comporterà un irraggiamento diretto più intenso e dunque un aumento delle temperature. Si stima che fra qualche anno la banchisa estiva sarà completamente sciolta.

Mi hai spiegato i motivi dell'innalzamento del livello del mare, ma quali sono le conseguenze?

Tra un'era glaciale e un periodo interglaciale il livello del mare varia di circa 130 metri, per una variazione della temperatura globale di soli 5-6 °C. Se non riusciremo a ridurre le emissioni dei gas responsabili dell'effetto serra, le stime più recenti prevedono un aumento delle acque da 40 centimetri a oltre un metro, per un riscaldamento tra i 2 e i 4 °C, entro la fine del secolo. Forse anche il doppio.

Se i miei calcoli sono giusti, però, non capisco perché un aumento della temperatura tra i 2 e i 4 °C farebbe innalzare il livello del mare al massimo di un metro, quando mi hai detto che con un aumento di 5-6 °C si è verificata una variazione di 130 metri.

Perché si tratta di due contesti diversi. Durante un'era glaciale, la quantità di ghiaccio che può sciogliersi è enorme; nei periodi interglaciali, invece, la quantità di ghiaccio delle calotte polari è decisamente inferiore. Questa differenza spiega il minore innalzamento del livello del mare. Oggi, purtroppo, l'innalzamento delle acque minaccia numerosi Paesi sul livello del mare: in Francia, ad esempio, dobbiamo aspettarci di veder scomparire la Camargue. Inoltre, dobbiamo prepararci a dei massicci movimenti migratori: numerose aree del pianeta, come gli atolli e i delta dei grandi fiumi, diventeranno inabitabili, e questo getterà sul mare e sulle strade milioni di «rifugiati climatici».

Il mare in asfissia

Allora bisogna preoccuparsi del mare!

Bisogna preoccuparsi di tutto: dell'atmosfera, della biosfera, degli alberi, delle emissioni di CO_2 e senz'altro anche del mare. Innanzitutto, bisogna smetterla di considerarlo una discarica. Lo sai che in alto mare si ritrovano degli accumuli giganteschi di rifiuti? I cosiddetti «continenti di plastica».

Una volta ho partecipato a una grande pulizia della spiaggia e sono rimasta scioccata da quanti sacchetti e bottiglie di plastica abbiamo raccolto. Non riesco nemmeno a immaginare quale sia la situazione in mezzo al mare. Questi continenti sono tipo delle isole?

Il termine «continente» è un po' esagerato perché, se ci salissi sopra, affonderesti! Si tratta di distese immense di rifiuti, anche se la densità degli oggetti è scarsa (all'incirca uno per metro quadrato). Una quindicina di anni fa, un navigatore, attraversando una regione poco frequentata del Pacifico, ha scoperto un'area gigantesca piena di rifiuti di plastica. La superficie di quest'area è tre volte più grande di quella della Francia, e questo significa migliaia di miliardi di oggetti: bottiglie e sacchetti, ma anche kayak, palloni da calcio e giocattoli. Sono probabilmente andati alla deriva nel corso degli anni (la plastica ha una durata di vita di diversi secoli) e si sono arenati in quel punto, in quella vasta regione circondata dalle correnti oceaniche, costretti a girare in tondo all'infinito. In seguito, sono state trovate altre tre zone analoghe nel Pacifico, nell'Atlantico e nell'Oceano Indiano.

È terribile! I sacchetti di plastica fanno soffocare i pesci, no?

È vero, gli effetti sulla fauna marina sono catastrofici: le tartarughe, gli albatros, i beluga, i delfini li scambiano per meduse, li mangiano e soffocano. Secondo il Programma delle Nazioni Unite per l'ambiente, i rifiuti plastici provocano ogni anno la morte di più di un milione di uccelli e di oltre 100.000 mammiferi marini. Nello stomaco degli animali morti sono state trovate siringhe, spazzolini da denti, accendini... È proprio vero: tutto, prima o poi, finisce in mare.

Senza parlare di quello che ci rovesciano dentro: il petrolio, i prodotti chimici...

... e il degasaggio, che è una forma di inquinamento deliberata: è la pulizia al largo delle stive delle petroliere con il conseguente sversamento in mare dei residui petroliferi e dei prodotti chimici usati per la pulizia. In modo meno diretto, poi, le attività industriali producono elementi chimici che si ritrovano disciolti nell'acqua dei fiumi e del mare. Così come i prodotti utilizzati in agricoltura, per esempio i fertilizzanti ricchi di fosfati e nitrati. O ancora, gli scarti industriali ricchi di metalli pesanti, come il piombo e il mercurio, di cui si sono a lungo ignorati gli effetti nocivi e il cui livello oggi invece viene attentamente sorvegliato. Spesso, questi agenti inquinanti si riconoscono solo per gli effetti che hanno sulla fauna e la flora marina. È così che si sono potute identificare delle zone di mare dove è scomparsa ogni traccia di vita. Le cosiddette «zone morte».

Intendi zone in cui c'è solo acqua, senza vita? Com'è potuto succedere?

Per mancanza di ossigeno. I pesci e le altre forme di vita acquatica, per vivere, respirano l'ossigeno presente nell'acqua. Quando, in determinate regioni del globo, questa molecola viene a mancare, tutti gli esseri viventi muoiono. La più vasta zona morta conosciuta si trova nel Golfo del Messico. La sua superficie è equivalente alla metà di quella del Belgio. Un'altra è nel mar Baltico, dove ha avuto un ruolo decisivo l'affondamento massiccio di munizioni dopo la prima guerra mondiale. In base alle osservazioni satellitari, la superficie totale delle zone morte sarebbe dieci volte superiore a quella della Francia.

Ma perché l'ossigeno scompare?

Nella maggior parte dei casi si tratta di un fenomeno che è stato battezzato con il complicato nome di «eutrofizzazione». Nelle zone costiere con un entroterra dove si praticano un allevamento e un'agricoltura intensivi, i residui di fertilizzanti ricchi di elementi nutritivi molto efficaci (ma non per tutti!), in particolare nitrati e fosfati, contribuiscono alla proliferazione di alghe verdi. Risultato: i raggi del Sole non riescono a bucare questa densa coperta vegetale che assorbe enormi quantità di ossigeno privandone lo strato d'acqua sottostante. I pesci, di solito, cercano di evitare queste regioni, ma gli animali poco mobili come i molluschi non riescono a sfuggire alla morte. I loro corpi cadono sul fondo e qui si decompongono. Anche la loro decomposizione utilizza ossigeno, e questo rende la situazione ancora più grave; finché il processo si conclude con la morte di quella zona. Le conseguenze sono molto pesanti anche per gli abitanti delle coste: questo tappeto di alghe verdi che ricopre le spiagge con uno spessore di diverse decine di centimetri si decompone all'aria liberando dei gas estremamente tossici. Su alcune spiagge bretoni, negli ultimi anni, si sono verificati diversi incidenti mortali.

Questo fenomeno è sempre di origine umana?

No. Ci sono zone senza ossigeno naturali nel

Mar Nero, per esempio, dove non ci sono praticamente scambi tra le acque di superficie e quelle del fondale. L'assenza di circolazione mantiene condizioni di scarsità di ossigeno nelle acque profonde. Non sopravvive niente... Questa asfissia «naturale» degli oceani ha probabilmente svolto un ruolo importante durante i diversi sconvolgimenti planetari responsabili delle grandi estinzioni del passato. Oggi, questo fenomeno aumenta considerevolmente a causa dell'inquinamento industriale (per esempio, nel caso del Mar Nero, quello portato dal Danubio) e sembra difficile da riassorbire. Senza contare che l'aumento nell'atmosfera dei gas che provocano l'effetto serra ha come conseguenza quella di aumentare l'acidità dell'acqua, un altro motivo di gravi squilibri nella fauna e nella flora marine.

Come funziona l'acidità?

Il mare assorbe circa i due terzi dell'anidride carbonica (che, una volta sciolta nell'acqua, diventa un acido) dell'atmosfera. Oggi, le acque oceaniche sono all'incirca del 30% più acide di quanto non lo fossero prima dell'epoca industriale. Un'acidità molto elevata è nociva per gli organismi dotati di strutture calcaree come il plancton, le ostriche e le cozze, le cui conchiglie diventano sempre più fragili. La progressiva scomparsa di questi organismi ha delle ripercussioni su tutta la catena alimentare marina, che va dal plancton alle specie che se ne nutrono (pesci e altri), poi ai pesci grandi che mangiano i piccoli eccetera. Tutta la vita del mare ne subisce le conseguenze.

I pesci in pericolo

Possiamo dire che presto nel mare non ci saranno più pesci?

Sì, e su larga scala accade già. Ancora una volta,

purtroppo, la responsabilità è dell'uomo. Anzi, l'uomo è doppiamente responsabile: innanzitutto, per gli effetti dell'industrializzazione e dell'agricoltura intensiva; in secondo luogo per la pesca, che è a sua volta colpita dalla desertificazione del mare provocata dall'inquinamento. Capisci? È un circolo vizioso infernale. Inquinamento e pesca intensiva si rafforzano a vicenda per svuotare il mare. È stato calcolato che a partire dal 1945 la quantità di pesci commestibili è calata di sei volte mentre quella del pescato è decuplicata. Fai tu il calcolo! Risultato: le pescherie falliscono, migliaia di pescatori restano senza lavoro, regioni intere si impoveriscono.

Allora dovremmo vietare la pesca?

Certo che no. Se fatta in modo ragionato, la pesca, come la caccia, può essere utile alla regolazione delle specie. Ma l'uomo è un predatore scriteriato e incontrollato, ancor più temibile quando per pescare usa tecniche sofisticate come le reti a maglie strette (che sono vietate, ma continuano a essere utilizzate), la pesca a strascico, che raccoglie e distrugge tutto ciò che incontra sul fondale devastando gli ecosistemi, fino ai satelliti per localizzare i banchi di pesci.

Allora bisogna smettere di mangiare il pesce! Per me non sarebbe un grosso problema, tanto non ne vado matta…

Lo so, ma non sarebbe comunque una soluzione. Innanzitutto perché è irrealizzabile – come fare a vietare a tutti di consumarlo? – poi perché qualunque misura che consista nella rottura brutale di una catena minaccia l'equilibrio dell'insieme. La pesca intensiva è una di queste rotture brutali e ne abbiamo visto rapidamente le conseguenze. È difficile credere che nell'Atlantico del Nord, soltanto qualche secolo fa, i merluzzi, che oggi sono quasi scomparsi, erano talmente abbondanti che li si poteva prendere a mani nude! Secondo gli antichi racconti dei pescatori, a Terranova ce n'erano così tanti che a volte le navi non riuscivano nemmeno ad attraccare. Jacques Cartier, che raggiunse il Canada nel 1534, racconta che si poteva sbarcare al largo ed entrare in porto a piedi camminando sui merluzzi!

Senza risalire fino a Jacques Cartier, mi ricordo com'era la penisola Gaspé, in Québec, quando ero bambino. A volte salivo a bordo delle grandi imbarcazioni dei pescatori di merluzzi nel golfo del San Lorenzo. La penisola Gaspé è situata sulla riva destra del fiume e una volta tutti i suoi abitanti vivevano di pesca. In ogni villaggio, distanti dal centro per via dell'odore, c'erano degli enormi graticci per l'essicazione dei merluzzi. Li si riconosceva da lontano, molto prima di scorgere il campanile della chiesa! Si pescava con la canna e i merluzzi riempivano in fretta il fondo delle navi. Ma la pesca era già regolamentata, le pattuglie del ministero della Pesca erano temutissime e tutti mi ripetevano: «Nascondi i più piccoli!» Io chiedevo perché, ma nessuno mi rispondeva. Più tardi, ho capito. La popolazione di merluzzi stava diminuendo rapidamente e già non si rispettavano più i regolamenti in vigore sulla taglia del pescato: si prendevano pesci sempre più piccoli. Un errore fatale! Sempre meno merluzzi riuscivano a raggiungere l'età della riproduzione. Dopo qualche tempo, i pescherecci cominciarono a tornare vuoti. La popolazione di merluzzi si era esaurita. Non c'è bisogno di essere vecchi come me, o come Jacques Cartier, per ricordarsi dei periodi di abbondanza a Terranova: la scomparsa dei merluzzi è cominciata soltanto vent'anni fa e in una decina d'anni non ne è rimasto più nemmeno uno. Da allora si attende il loro ritorno, invano.

Perché invano? Non si riproducono più, anche se li lasciamo in pace?

Esiste una soglia sotto la quale le specie non riescono più a riprendersi. Se la popolazione di una specie scende al di sotto del 10% della sua massa «naturale», vale a dire di quella che si osservava alcuni decenni prima e che si manteneva stabile, gli individui restanti non riescono a riprodursi a sufficienza nemmeno per nutrire i loro predatori abituali, e l'estinzione si fa sempre più vicina. È quello che si teme, a causa della sovrapesca, per la maggior parte delle specie marine commestibili: non solo il merluzzo, ma anche il salmone selvaggio, il tonno, la rana pescatrice, la sogliola, i gamberi, la razza... E poi la balena e tutti i cetacei, infine la tartaruga liuto e la tartaruga gigante delle Galapagos e delle Seychelles. Oggi si pescano due volte e mezzo più pesci di quanti se ne riproducano.

E perché si continua?

Fino a quando il mercato sarà lucrativo, e il rischio è che i guadagni possano essere sempre più alti se il pesce sarà sempre più raro, esisteranno sempre delle lobby industriali del settore agroalimentare a spingere in quella direzione. Il caso del tonno rosso, per esempio, è scandaloso. È largamente consumato in Giappone sotto forma di sushi e sashimi, moda che poi si è estesa anche a tutti i Paesi occidentali, malgrado gli scienziati chiedano da tempo di adottare misure efficaci per la sua protezione. In seguito alla sua diminuzione, i prezzi sono schizzati alle stelle: all'inizio del 2014, un tonno eccezionale del peso di 222 chili, è stato venduto all'asta in Giappone per 1 milione e 380.000 euro, ovvero più di 6000 euro al chilo!

Ci penserò la prossima volta che mi proporranno di mangiare sushi! Che cosa bisognerebbe fare per fermare il massacro?

Contro la sovrapesca la soluzione potrebbe essere semplice, perché è facile regolamentare la protezione delle specie: bisogna far rispettare i regolamenti internazionali che già esistono (ma non è semplice) oppure, a livello locale, basterebbe creare delle riserve dove la pesca (o la caccia) sia vietata. Questa misura di solito porta con sé infinite discussioni con i pescatori (professionisti o della domenica) ma ne conosciamo bene l'efficacia. Per dare un piccolo esempio su scala planetaria: quando, con il Gruppo di studio sul merluzzo, abbiamo creato una riserva a Port-Cros per proteggere questi pesci, che nel Mediterraneo erano quasi completamente scomparsi, in pochi anni sono tornati e ora si discute anche della possibilità di riaprire la pesca in certe zone. La natura è fragile, ma possiede anche la capacità di rigenerarsi molto rapidamente.

Acqua per tutti

Alla fine, ho capito che il futuro della Terra dipende dal mare…

Hai ragione, sottoscrivo! Ma dopo avere evocato tutte queste catastrofi, torniamo a guardare il mare di fronte a noi. Vedi? È sempre là! In fin dei conti, la sua forza è quella di essere eterno.

Eterno?

Intendo dire che è meraviglioso pensare che l'acqua non abbandona mai la Terra e che la sua quantità è sempre la stessa, come abbiamo già detto. D'accordo, è sempre più inquinata, sempre più povera di nutrimenti, ma se parti dal principio che l'acqua è l'elemento essenziale per la vita, allora sì, il nostro futuro dipende dal mare…

E del sale che cosa ne facciamo?

Giusto. Bisogna trovare la tecnologia più efficace per desalinizzare il mare e rendere potabile l'acqua. E risolvere così anche uno dei problemi principali della vita dell'uomo sul pianeta: l'accesso all'acqua potabile, oltre alle straordinarie disuguaglianze climatiche che rendono impossibile l'agricoltura in molte delle regioni più povere del globo. L'acqua potabile è già motivo di diverse guerre nel mondo. Se si riuscisse a trattare l'acqua di mare in piccoli impianti locali alimentati a energia solare in giro per il mondo – soprattutto in Africa – e a trovare il modo per trasportarla e distribuirla (dopotutto, si è trovato facilmente il modo di costruire degli oleodotti e dei gasdotti nelle regioni più inospitali!), sarebbe un grande passo per l'umanità... e senza causare danni né alla Terra, né al mare.

Ma tu sei ancora più sognatore di me! Credi che ci sarà sempre abbastanza acqua anche se la si pompa in quantità?

Certo! Il mare è inesauribile e, in linea di massima, non appartiene a nessuno. Un'altra qualità straordinaria visti i tempi che corrono. Purtroppo, questo principio viene sempre più spesso messo in discussione e numerosi Paesi sono riusciti a imporre un'estensione della loro sovranità marittima riservandosi delle zone esclusive di sfruttamento fino a 200 miglia nautiche dalla costa (circa 370 chilometri). Ma il mare resta una delle poche risorse del pianeta, insieme al Sole e al vento, che speriamo non venga mai quotata in borsa.

Imbarchiamoci!

Vi ricordate la prima volta che avete visto il mare?

Per quanto riguarda me, Hubert, è un ricordo indimenticabile. Non ero un uomo di mare, come ben sai. Da bambino, il mio «mare» era il «Grande Lago»: il lago Saint-Louis (una porzione del fiume San Lorenzo sopra Montréal, in Québec), in riva al quale abitavo con la mia famiglia. Lo guardavo e sognavo il mare, quello vero. Anni dopo, durante un'escursione nella contea di Charlevoix, le cui montagne dominano l'estuario del San Lorenzo, finalmente l'ho visto: ho visto il mare per la prima volta! Non riuscivo a smettere di fissarlo e, come ho già detto all'inizio della nostra conversazione, la linea netta dell'orizzonte mi interpellava con insistenza. La voglia di scoprire che cosa c'era al di là è ciò che ci unisce: amiamo il mare e amiamo il sapere. La scienza, in fin dei conti, è anche questo: la voglia di scoprire che cosa c'è al di là!

Quanto a me, Yves, ho l'impressione di essere nato con il mare. Nel mare. Sono nato in Svizzera, ma da parte di padre discendo da una famiglia di marinai bretoni in cui tutti gli uomini, fino a mio nonno, sono stati capitani di lungo corso. Ho scoperto il mare all'età di sette anni, proprio alla fine della guerra, a Lancieux, in Bretagna. Ricordo ancora quel giorno come se fosse oggi! Sento ancora sotto i piedi la sensazione della sabbia piena di conchiglie e l'odore della bassa marea. Mi ha rapito per sempre. Ho desiderato molto presto andare per mare, ho cominciato con dei canotti e mio zio mi ha iniziato alla vela. Ho capito subito che un giorno avrei attraversato l'Atlantico in solitaria. E finalmente, a 66 anni, sono riuscito a realizzare il mio sogno d'infanzia.

Ci hai portato spesso in barca con te, ma mi piacerebbe sapere che cosa ti ha spinto a restare in mare da solo per così tante settimane.

Non voglio darti un dispiacere, perché anche a me piace andare in barca con voi, ma devo confessartelo: non c'è niente di più bello che essere in mare da soli. Esistono pochi luoghi al mondo come una piccola imbarcazione di dieci metri, un guscio di noce al centro dell'Atlantico, dove si possa misurare che cos'è la vera solitudine. E la solitudine è un elemento essenziale della mia felicità. Raramente sono stato così felice come da solo in mare. È una sensazione difficile da esprimere a parole.

Provaci...

Si parte dalle Canarie, appena uscito dal porto si issa la randa, la nave prende il vento e la senti sbuffare come un cavallo, si issa il fiocco e si parte davvero, lasciandosi tutto alle spalle. Il GPS ti dà la latitudine e la longitudine e ti dice di preciso dove sei sul globo, ma intorno a te c'è solo l'immensità più o meno piatta, infinita ed emozionante dell'oceano. In mare non ci sono punti di riferimento: il colore dell'acqua, la luce, le onde e il vento si modificano in continuazione, non è come nel deserto o in alta montagna dove ci si può orientare con la topografia. La cosa che mi piace di più è allontanarmi dalle mie abitudini terrestri. E alla fine raggiungere un porto. Ogni volta è come essere arrivati da un luogo lontanissimo. Si porta con sé qualcosa del mondo. Conosci questa canzone? «*Un beau jour nous rentrerons/Les yeux pleins de visions/Les lèvres au goût de sel/Notre trois-mâts portera/du poivre ou du* *tabac, je ne sais quoi/Nous entrerons dans la ville avec cette air tranquille des grands rois.»**

Allora, Maestà, quando mi porta al largo con sé?

---

* Estratto di *Tour du monde* di Jean Claude Darnal, 1955. Un bel giorno rientreremo/Con gli occhi pieni di immagini/E le labbra al gusto di sale/Il nostro tre alberi trasporterà/pepe o tabacco, non so bene cosa/Entreremo in città con l'aria tranquilla dei grandi re. [N.d.T.]

RINGRAZIAMENTI

I nostri ringraziamenti più calorosi a Camille Scoffier-Reeves, Édith Vincent-Lancelot, Nelly Boutinot e Catherine Portevin per lo straordinario contributo che hanno dato alla realizzazione di questo libro.

Grazie anche a Jean-Marc Lévy Leblond e a Sophie Lhuillier della casa editrice Seuil.

Infine, un ringraziamento a Uta, Thomas e Julie Darnal per avere gentilmente accettato la nostra richiesta di citare i versi della canzone di Jean Claude Darnal.

LE BOE

Sandra Salerno, *Asparagi, bagoss e altre cose buone*
Il Mereghetti. Dizionario dei film 2014
Fabiana Giacomotti, *La milanese chic*
Alessandra Spisni, *La maestra di cucina*
Alessandra Spisni, *Le ricette della maestra di cucina*
Marie-Françoise Peteuil, *Helen Hessel, la donna che amò Jules e Jim*
Carli Davidson, *Shake*
Ivan Carozzi, *I figli delle stelle*
Gianni Maddaloni, *L'oro di Scampia*
Nerio Alessandri, *Nati per muoverci*
Claudio Cecchetto, *In diretta*
Avery Monsen, Jory John, *Tutti i miei amici sono morti*
Rosario Dello Iacovo, *Curre curre guagliò*
Il Mereghetti, *100 capolavori del noir americano*
Il Mereghetti, *100 capolavori del western*
Il Mereghetti, *100 capolavori della comicità italiana*
Il Mereghetti, *100 capolavori da far vedere ai vostri figli*

Sibilla Milani, Emanuela Roncari, *MilanoSecrets. Pensi davvero di conoscere Milano?* (2ª ediz.)
Avery Monsen, Jory John, *Tutti i miei amici sono* ancora *morti*
AA.VV., *Cinquant'anni di Linus*
Marco Belinelli, Alessandro Mamoli, *Pokerface. Da San Giovanni in Persiceto al titolo NBA* (3ª ediz.)
Lucia Vasini, *Nessuno dei due*
Daniel Cuello, *Indovina che Tiberio viene a cena*
Valentina Vezzali, Betta Carbone, *Io, Valentina Vezzali*
Cecilia Brighi, *Il Pavone e i generali*
Oreste Pivetta, *Franco Basaglia. Il dottore dei matti*
Erica Liverani, *A piccoli passi*
Luca Beatrice, *Per i ladri e le puttane sono Gesùbambino*
Mara Maionchi e Alberto Salerno, *Il primo anno va male, tutti gli altri sempre peggio*
Pierre-Thomas-Nicolas Hurtaut, *L'arte di petare*
Luigi Comencini, *Davvero un bel mestiere!*
Elvis Costello, *Musica infedele & inchiostro simpatico*
Hubert Reeves, *L'Universo spiegato ai miei nipoti*
Hubert Reeves, *Il mare spiegato ai miei nipoti*
La guida ufficiosa. Europei 2016, a cura di Timothy Small e Daniele Manusia

Stampato nel maggio 2016
per conto di Baldini&Castoldi s.r.l.
da Reggiani S.p.A. - Brezzo di Bedero (VA)